오투

진도책

초등과학

3·2

오투 구성과 특징

진도책

1 탐구로 시작하기

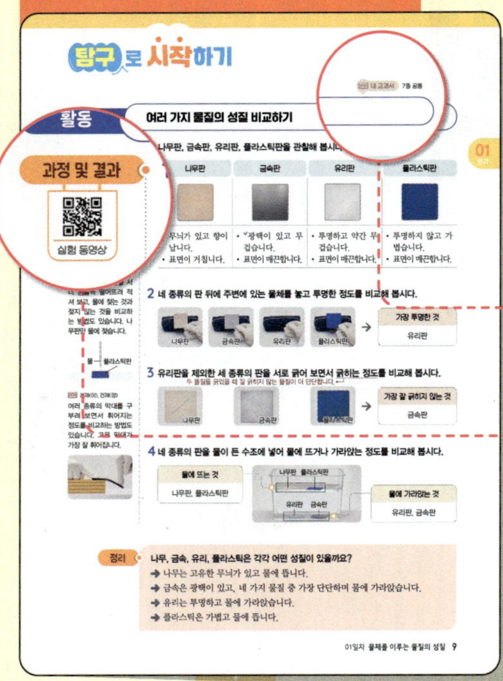

교과서 탐구의 과정, 결과, 정리의 흐름이 잘 드러나도록 구성하였습니다.

해당 탐구를 다루고 있는 교과서를 확인할 수 있어요.

QR 코드를 찍어 실험 및 도움 동영상을 보면 탐구 내용을 더 쉽게 이해할 수 있어요.

2 개념 이해하기

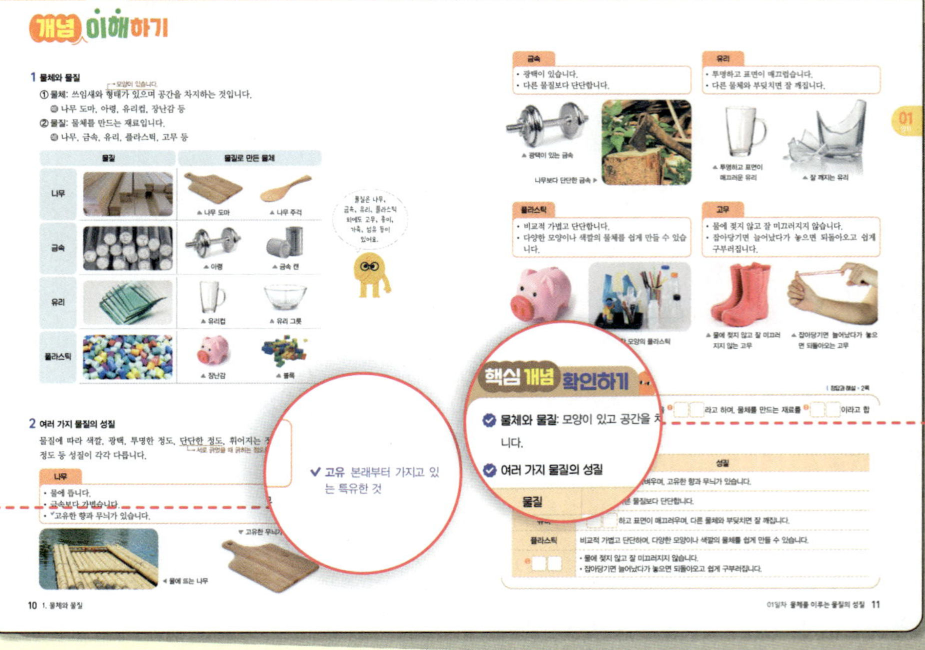

어려운 용어 뜻을 바로 확인할 수 있어요.

7종 교과서를 완벽하게 비교 분석하여 빠진 교과 개념이 없게 구성하였습니다.
한 번에 개념의 흐름을 잡을 수 있도록 깔끔하게 정리하였습니다.

빈칸을 채우면서 꼭 알아야 할 핵심 개념을 한 번 더 확인할 수 있어요.

아 교재의 표지는 생성형 AI와 함께 만들었습니다
#반짝이는 #젤리 도넛 #3D #우주사진 #초현실주의

세상이 변해도
배움의 즐거움은
변함없도록

시대는 빠르게 변해도
배움의 즐거움은
변함없어야 하기에

어제의 비상은
남다른 교재부터
결이 다른 콘텐츠
전에 없던 교육 플랫폼까지

변함없는 혁신으로
교육 문화 환경의 새로운 전형을
실현해왔습니다.

비상은 오늘, 다시 한번
새로운 교육 문화 환경을 실현하기 위한
또 하나의 혁신을 시작합니다.

오늘의 내가 어제의 나를 초월하고
오늘의 교육이 어제의 교육을 초월하여
배움의 즐거움을 지속하는 혁신,

바로, 메타인지 기반 완전 학습을.

상상을 실현하는 교육 문화 기업 **비상**

메타인지 기반 완전 학습

초월을 뜻하는 meta와 생각을 뜻하는 인지가 결합한 메타인지는
자신이 알고 모르는 것을 스스로 구분하고 학습계획을 세우도록 하는
궁극의 학습 능력입니다. 비상의 메타인지 기반 완전 학습 시스템은
잠들어 있는 메타인지를 깨워 공부를 100% 내 것으로 만들도록 합니다.

❸ 문제로 완성하기

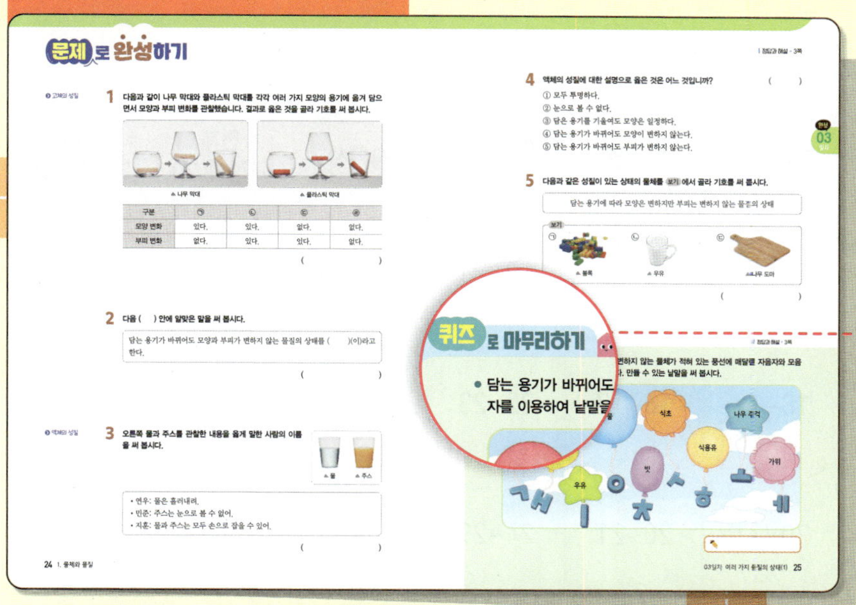

탐구와 개념 학습의 결과를 확인하기에 적합한 문제들로
구성하였습니다.

다양한 유형의 퀴즈를 풀면서 재미있게
학습을 마무리할 수 있어요.

❹ 단원 마무리하기

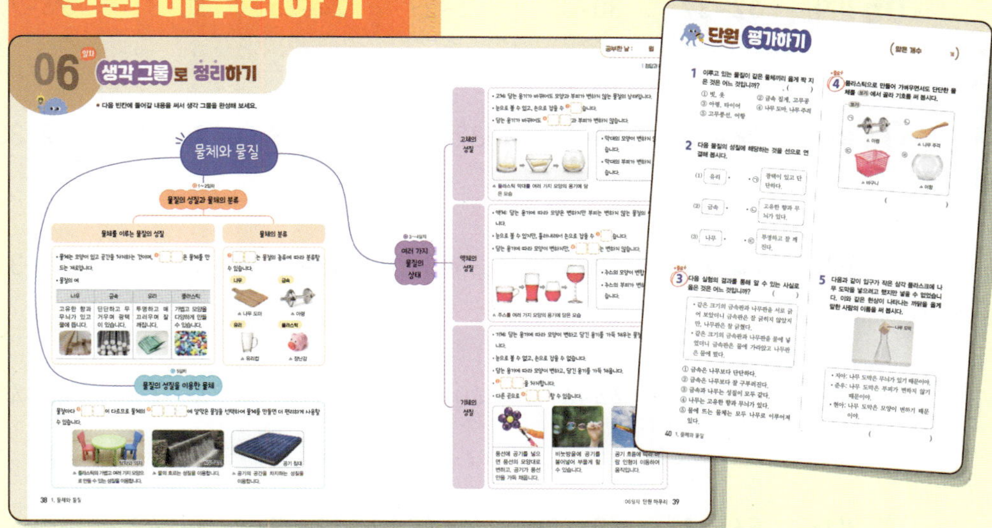

단원에서 배운 내용을 생각 그물로 정리하고, 학교 단원 평가에
대비할 수 있는 실전 문제를 수록하였습니다.

단원의 개념을 한눈에 보이도록 정리하였고, 효과적으로 복습할 수 있도록 문
제를 구성하였습니다.

실전책

단원 평가 대비		
• 단원 정리	• 단원 평가	• 수행 평가
• 쪽지 시험	• 서술형 평가	

일차	오투	비상교육	동아출판	미래엔	아이스크림 미디어	지학사	천재 교과서(이)	천재 교과서(정)
01일차	8~13	16~19	14~17	12~15	18~21	12~15	20~21	16~19
02일차	14~19	20~21	18~19	16~17	22~23	16~19	22~25	20~21
03일차	20~25	24~25	20~21	20~21	24~29	20~23	26~27	22~25
04일차	26~31	22~23 26~29	22~25	18~19 22~23	24~29	24~25	28~31	26~31
05일차	32~37	30~31	26~29	24~25	30~31	26~27	32~35	32~33
06일차	38~43	36~37	32~33	28~29	36~37	32~33	40~41	34~35
07일차	44~49	42~43	38~39	36~37	42~43	38~39	46~47	42~43
08일차	50~55	44~47	40~41	38~41	44~47	40~41	48~51	44~47
09일차	56~61	48~49	42~43	42~43	48~49	42~43	52~53	48~49
10일차	62~67	50~51	44~45	44~45	50~51	44~47	54~55	50~51
11일차	68~73	52~53	46~47	46~47	52~53	48~49	56~57	52~53
12일차	74~79	54~55	48~49	48~49	54~55	50~51	58~61	54~59

일차	오투	비상교육	동아출판	미래엔	아이스크림 미디어	지학사	천재 교과서(이)	천재 교과서(정)
13일차	80~85	60~61	56~57	54~55	60~61	58~59	66~67	62~63
14일차	86~91	66~69	60~63	62~65	66~67	64~67	72~75	70~75
15일차	92~97	70~71	64~65	66~69	68~69	68~69	76~77	76~77
16일차	98~103	72~73	66~67	70~73	70~71	70~71	78~79	78~79
17일차	104~109	76~77	68~69	74~75	74~79	72~75	80~81	82~83
18일차	110~115	78~79	70~71	76~77	80~81	76~77	82~85	84~85
19일차	116~121	84~85	78~79	80~83	86~87	82~83	90~91	88~89
20일차	122~127	90~93	84~87	88~91	92~95	88~91	96~99	98~101
21일차	128~133	96~101	90~91	94~99	96~99	92~93	100~103	102~109
22일차	134~139	94~95	88~89	92~93	-	-	104~105	110~111
23일차	140~145	102~103	92~93	100~101	100~103	94~97	106~107	112~113
24일차	146~151	108~109	100~101	104~107	108~109	104~105	112~113	114~115

오투 차례 + 공부 계획표

규칙적으로 공부하고, 공부한 내용을
확인하는 과정을 반복하면서 과학이
재미있어지고, 자신감이 쌓여갑니다.

01 일차

물체를 이루는 물질의 성질

만화로 생각 열기

활동

여러 가지 물질의 성질 비교하기

과정 및 결과

실험 동영상

✔ **광택** 물체의 겉면이 빛을 받아 반짝거리는 현상

➕ **또 다른 방법!**

📖 비상교육

네 종류의 판에 물을 서너 방울씩 떨어뜨려 적셔 보고, 물에 젖는 것과 젖지 않는 것을 비교하는 방법도 있습니다. 나무판만 물에 젖습니다.

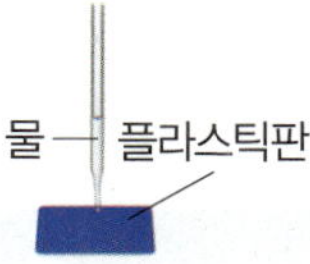
물 ― 플라스틱판

📖 천재(이), 천재(정)

여러 종류의 막대를 구부려 보면서 휘어지는 정도를 비교하는 방법도 있습니다. 고무 막대가 가장 잘 휘어집니다.

1 나무판, 금속판, 유리판, 플라스틱판을 관찰해 봅시다.

나무판	금속판	유리판	플라스틱판
• 무늬가 있고 향이 납니다. • 표면이 거칩니다.	• ✔광택이 있고 무겁습니다. • 표면이 매끈합니다.	• 투명하고 약간 무겁습니다. • 표면이 매끈합니다.	• 투명하지 않고 가볍습니다. • 표면이 매끈합니다.

2 네 종류의 판 뒤에 주변에 있는 물체를 놓고 투명한 정도를 비교해 봅시다.

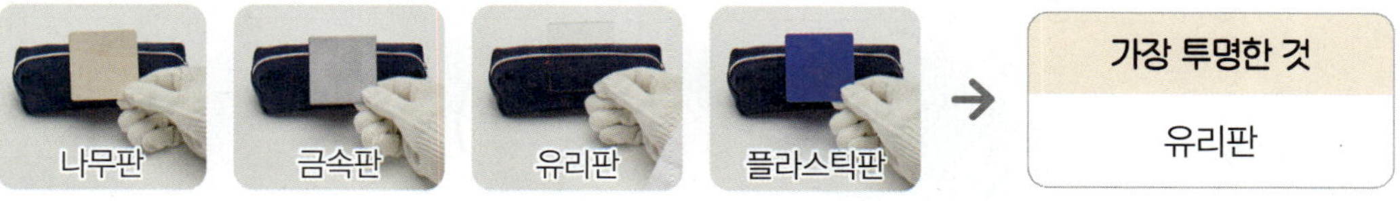

가장 투명한 것
유리판

3 유리판을 제외한 세 종류의 판을 서로 긁어 보면서 긁히는 정도를 비교해 봅시다.

두 물질을 긁었을 때 잘 긁히지 않는 물질이 더 단단합니다.

가장 잘 긁히지 않는 것
금속판

4 네 종류의 판을 물이 든 수조에 넣어 물에 뜨거나 가라앉는 정도를 비교해 봅시다.

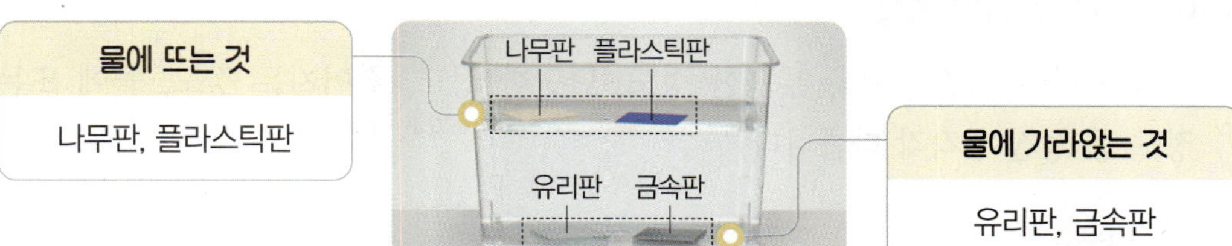

정리 **나무, 금속, 유리, 플라스틱은 각각 어떤 성질이 있을까요?**

➡ 나무는 고유한 무늬가 있고 물에 뜹니다.

➡ 금속은 광택이 있고, 네 가지 물질 중 가장 단단하며 물에 가라앉습니다.

➡ 유리는 투명하고 물에 가라앉습니다.

➡ 플라스틱은 가볍고 물에 뜹니다.

1 물체와 물질

① 물체: 쓰임새와 형태가 있으며 공간을 차지하는 것입니다. └→ 모양이 있습니다.

　　예 나무 도마, 아령, 유리컵, 장난감 등

② 물질: 물체를 만드는 재료입니다.

　　예 나무, 금속, 유리, 플라스틱, 고무 등

2 여러 가지 물질의 성질

물질에 따라 색깔, 광택, 투명한 정도, 단단한 정도, 휘어지는 정도, 물에 뜨는 정도 등 성질이 각각 다릅니다. └→ 서로 긁었을 때 긁히는 정도로 알 수 있습니다.

나무

- 물에 뜹니다.
- 금속보다 가볍습니다.
- 고유한 향과 무늬가 있습니다.

✔ **고유** 본래부터 가지고 있는 특유한 것

◀ 물에 뜨는 나무

▼ 고유한 무늬가 있는 나무

- 광택이 있습니다.
- 다른 물질보다 단단합니다.

▲ 광택이 있는 금속

나무보다 단단한 금속 ▶

- 투명하고 표면이 매끄럽습니다.
- 다른 물체와 부딪치면 잘 깨집니다.

▲ 투명하고 표면이
매끄러운 유리

▲ 잘 깨지는 유리

- 비교적 가볍고 단단합니다.
- 다양한 모양이나 색깔의 물체를 쉽게 만들 수 있습니다.

▲ 비교적 가볍고 단단한
플라스틱

▲ 다양한 모양의 플라스틱

- 물에 젖지 않고 잘 미끄러지지 않습니다.
- 잡아당기면 늘어났다가 놓으면 되돌아오고 쉽게 구부러집니다.

▲ 물에 젖지 않고 잘 미끄러
지지 않는 고무

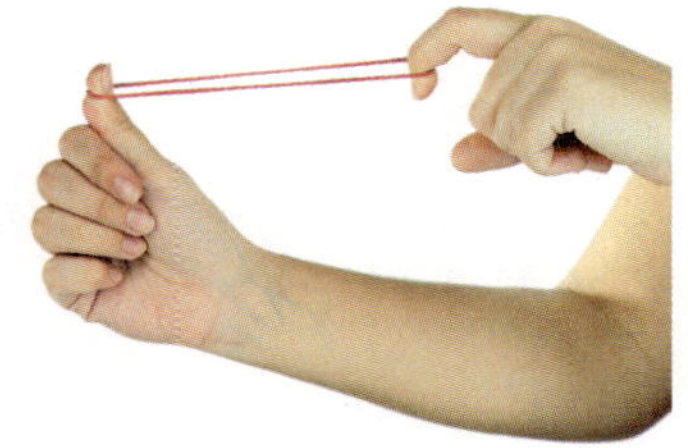

▲ 잡아당기면 늘어났다가 놓으
면 되돌아오는 고무

핵심 개념 확인하기

| 정답과 해설 • 2쪽

✔ **물체와 물질**: 모양이 있고 공간을 차지하는 것을 ❶ [　][　] 라고 하며, 물체를 만드는 재료를 ❷ [　][　] 이라고 합니다.

✔ **여러 가지 물질의 성질**

물질	성질
나무	물에 뜨고 금속보다 가벼우며, 고유한 향과 무늬가 있습니다.
❸ [　][　]	광택이 있고, 다른 물질보다 단단합니다.
유리	❹ [　][　] 하고 표면이 매끄러우며, 다른 물체와 부딪치면 잘 깨집니다.
플라스틱	비교적 가볍고 단단하며, 다양한 모양이나 색깔의 물체를 쉽게 만들 수 있습니다.
❺ [　][　]	• 물에 젖지 않고 잘 미끄러지지 않습니다. • 잡아당기면 늘어났다가 놓으면 되돌아오고 쉽게 구부러집니다.

● 물체와 물질

1 물체와 물질에 대해 옳게 말한 사람의 이름을 써 봅시다.

> • 서윤: 물체는 모양이 있고 공간을 차지해.
> • 준우: 물질을 만들 때 필요한 재료가 물체야.
> • 지아: 나무로 만든 의자에서 의자는 물질이고, 나무는 물체야.

(   )

2 물체와 그 물체를 이루는 물질을 선으로 연결해 봅시다.

(1) 
▲ 유리컵

• ㉠ 금속

(2) 
▲ 아령

• ㉡ 유리

(3) 
▲ 나무 도마

• ㉢ 나무

[3~4] 다음은 크기와 모양이 같은 네 종류의 판입니다.

▲ 나무판

▲ 금속판

▲ 유리판

▲ 플라스틱판

● 여러 가지 물질의 성질 비교하기

3 나무판, 금속판, 플라스틱판을 오른쪽과 같이 서로 긁어 보았습니다. (   ) 안의 알맞은 말에 ○표 해 봅시다.

> 판을 서로 긁어 보면 (색깔, 단단한 정도)을/를 알 수 있다.

4 네 종류의 판을 물이 담긴 수조에 넣었더니 오른쪽과 같은 결과가 나타났습니다. 이 실험으로 알 수 있는 사실로 옳은 것은 어느 것입니까? (   )

① 나무는 물에 젖어 가라앉는다.

② 모든 물질은 물에 뜨는 정도가 같다.

③ 플라스틱과 유리는 물에 뜨는 정도가 같다.

④ 금속과 나무는 물에 뜨는 판을 이루고 있는 물질이다.

⑤ 플라스틱과 나무는 물에 뜨는 판을 이루고 있는 물질이다.

> 여러 가지 물질의 성질

5 다음과 같은 성질이 있는 물질로 만들어진 물체는 어느 것입니까? (   )

> • 금속보다 가볍고, 물에 뜬다.
> • 고유한 향과 무늬가 있다.

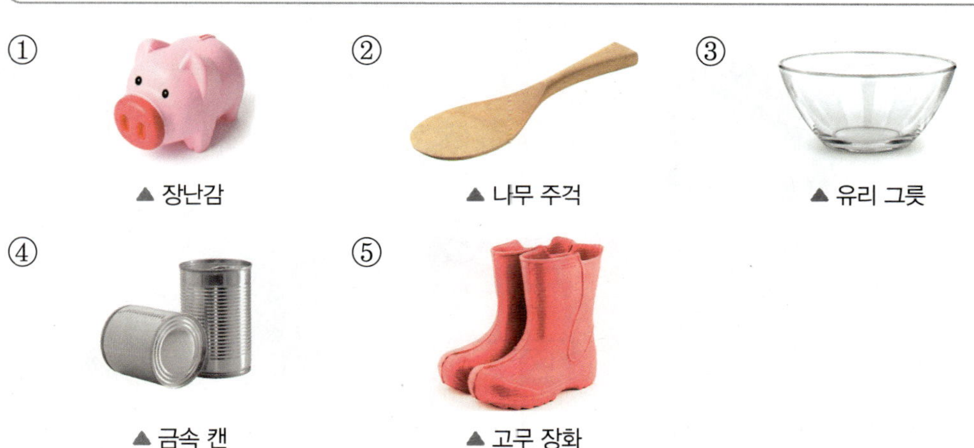

① ▲ 장난감   ② ▲ 나무 주걱   ③ ▲ 유리 그릇

④ ▲ 금속 캔   ⑤ ▲ 고무 장화

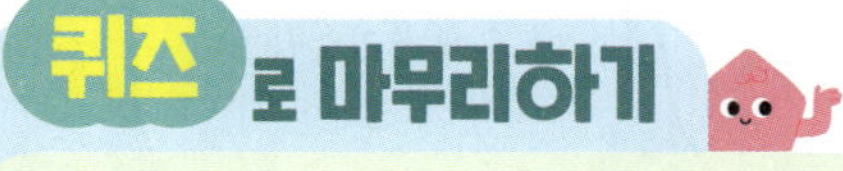
퀴즈로 마무리하기

● 다음은 어떤 물질의 성질이 적힌 카드입니다. 이 물질은 무엇인지 다음 글자판에서 글자를 가로, 세로, 대각선으로 연결하여 ○표 해 봅시다.

> • 투명합니다.
> • 표면이 매끄럽습니다.
> • 물에 가라앉습니다.
> • 다른 물체와 부딪치면 잘 깨집니다.

유	종	고	플
이	리	무	라
가	나	금	스
죽	속	다	틱

02 일차

물질의 종류에 따른 물체의 분류

만화로 생각 열기

탐구로 시작하기

활동 **물질의 종류에 따라 물체 분류하기**

과정 및 결과

＋ 또 다른 방법!

📖 비상교육, 천재(이), 천재(정)

물체 카드를 이용해 같은 물질로 이루어진 물체끼리 분류하는 놀이를 할 수도 있습니다.

1 야구 방망이, 집게, 꽃병, 휴지통, 나무 도마, 손톱깎이, 그릇, 빗, 고리를 관찰하여 각 물체가 어떤 물질로 이루어졌는지 조사해 봅시다.

야구 방망이 ➡ **나무**

집게 ➡ **금속**

꽃병 ➡ **유리**

휴지통 ➡ **플라스틱**

나무 도마 ➡ **나무**

손톱깎이 ➡ **금속**

그릇 ➡ **유리**

빗 ➡ **플라스틱**

고리 ➡ **금속**

✔ 분류 종류에 따라서 가르는 것

2 물질의 종류에 따라 물체를 분류해 봅시다.

나무로 이루어진 물체	금속으로 이루어진 물체	유리로 이루어진 물체	플라스틱으로 이루어진 물체
야구 방망이, 나무 도마	집게, 손톱깎이, 고리	꽃병, 그릇	휴지통, 빗

정리 **물체를 분류할 때 어떤 기준으로 분류할 수 있을까요?**

➡ 나무, 금속, 유리, 플라스틱 등과 같은 물질의 종류에 따라 물체를 분류할 수 있습니다.

1 물질의 종류에 따른 물체의 분류

우리 주변의 물체는 물질의 종류에 따라 분류할 수 있습니다.

물질	물체
 나무	▲ 나무 도마　▲ 나무 주걱　▲ 야구 방망이　▲ 윷 → 가구, 나무젓가락, 바둑판 등이 있습니다.
 금속	▲ 아령　▲ 금속 캔　▲ 집게　▲ 손톱깎이 → 열쇠, 철봉, 철 클립, 냄비 등이 있습니다.
 유리	▲ 유리컵　▲ 유리 그릇　▲ 꽃병　▲ 어항 → 유리 구슬, 유리창 등이 있습니다.
 플라스틱	▲ 장난감　▲ 블록　▲ 빗　▲ 바구니 → 삼각자, 주사위, 체육 활동용 콘, 페트병 등이 있습니다.
 고무	▲ 타이어　▲ 풍선　▲ 지우개　▲ 고무 장화 → 고무줄, 고무공 등이 있습니다.

2 두 가지 이상의 물질로 이루어진 물체

한 가지 물질로 이루어진 물체도 있지만, 두 가지 이상의 물질 로 이루어진 물체도 있습니다.

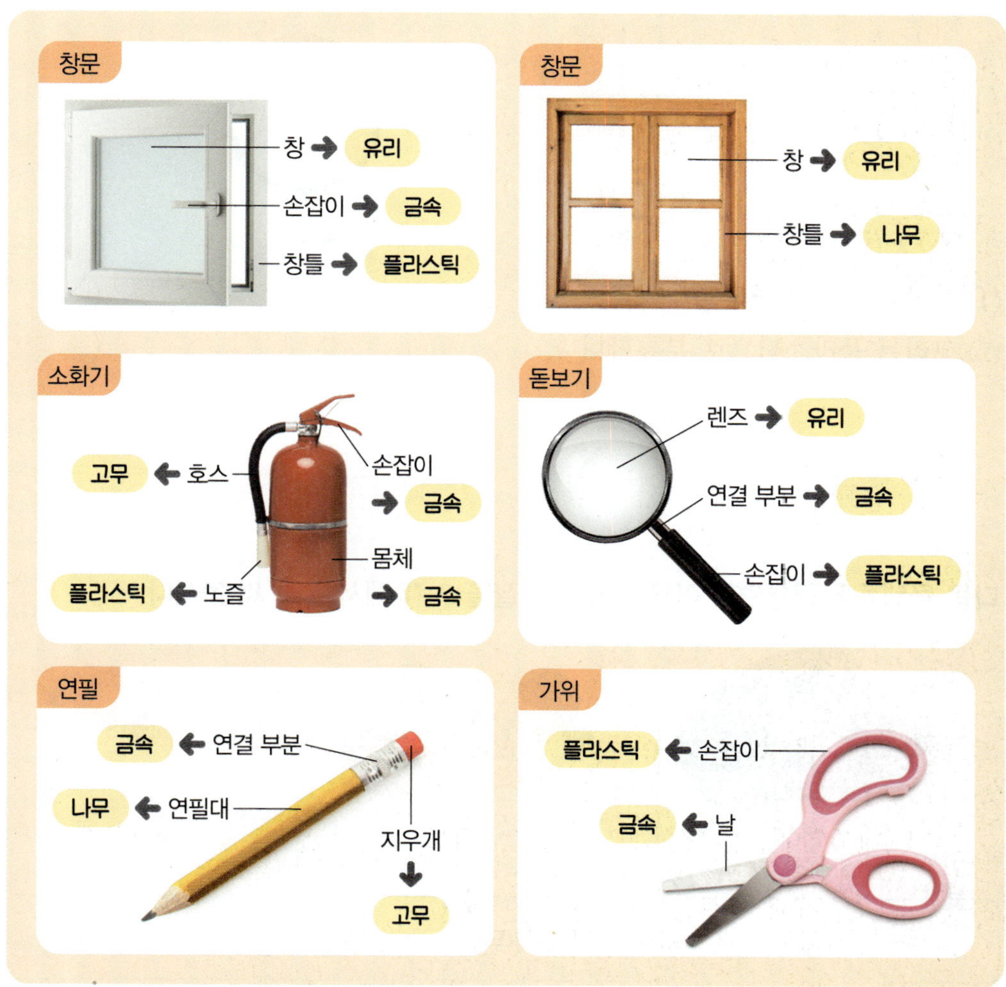

핵심 개념 확인하기

정답과 해설 • 2쪽

✔ **물질의 종류에 따른 물체의 분류**: 우리 주변의 물체는 나무, 금속, 유리, 플라스틱, 고무 등과 같은 ❶ ☐☐ 의 종류에 따라 분류할 수 있습니다.

물질	❷ ☐☐	금속	❸ ☐☐	플라스틱	고무
물체	나무 도마, 나무 주걱, 야구 방망이, 윷 등	아령, 금속 캔, 집게, 손톱깎이 등	유리컵, 유리 그릇, 꽃병, 어항 등	장난감, 블록, 빗, 바구니 등	타이어, 풍선, 지우개, 고무 장화 등

✔ **두 가지 이상의 물질로 이루어진 물체**

- 소화기의 몸체 부분과 손잡이는 ❹ ☐☐ 으로, 호스 부분은 고무로, 노즐 부분은 플라스틱으로 이루어져 있습니다.
- 가위의 날 부분은 금속으로, 손잡이는 ❺ ☐☐☐☐ 으로 이루어져 있습니다.

1 다음 어항과 고리를 이루고 있는 물질의 종류에 따라 분류할 때 이에 대한 설명으로 옳은 것은 ○표, 옳지 <u>않은</u> 것은 ×표 해 봅시다.

▲ 어항　　　　　　　　　▲ 고리

(1) 어항은 유리로 분류합니다. 　　　　　　　　　　　　　　　　　（　　　）
(2) 고리는 플라스틱으로 분류합니다. 　　　　　　　　　　　　　　　（　　　）

2 다음 물체들을 공통으로 이루고 있는 물질을 보기 에서 골라 써 봅시다.

▲ 타이어　　　　　　　　▲ 풍선　　　　　　　　▲ 지우개

보기

| 유리　　金속　　나무　　고무　　플라스틱 |

（　　　　　　　　　　）

3 물체를 이루고 있는 물질이 나머지와 <u>다른</u> 하나는 어느 것입니까? 　　（　　　）

① 　　　　　　　　　② 　　　　　　　　　③

▲ 손톱깎이　　　　　　　▲ 집게　　　　　　　　▲ 빗

④ 　　　　　　　　　⑤

▲ 아령　　　　　　　　　▲ 금속 캔

4 다음은 물질의 종류에 따라 분리배출함에 분류한 것입니다. 옳지 <u>않게</u> 분리배출한 물체는 어느 것인지 써 봅시다.

(   )

▶ 두 가지 이상의 물질로 이루어진 물체

5 오른쪽 가위의 ㉠ 부분을 이루고 있는 물질과 같은 물질로 이루어진 물체는 어느 것입니까? (   )

① 페트병   ② 철 클립
③ 유리 어항   ④ 고무풍선
⑤ 플라스틱 휴지통

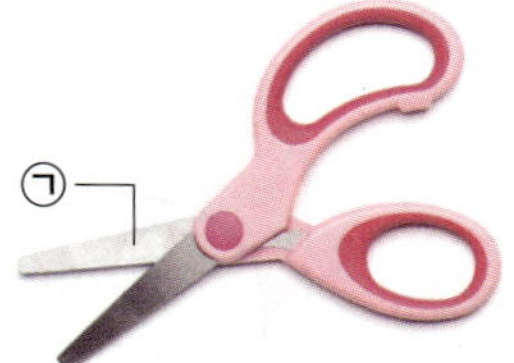

퀴즈로 마무리하기

● 고무줄과 같은 물질로 이루어진 물체가 적힌 징검돌만 밟아서 징검다리를 건너려고 합니다. 밟아야 하는 징검돌을 따라 선으로 연결해 봅시다.

03 ^{일차}

여러 가지 물질의 상태(1)

만화로 생각 열기

📖 내 교과서 7종 공통

| 활동 1 | **용기에 따른 고체의 모양과 부피 변화 관찰하기** |

과정 및 결과

실험 동영상

1 나무 막대와 플라스틱 막대를 자유롭게 관찰해 봅시다.

| 눈으로 살펴보기 | 손으로 잡아보기 |
| 손으로 눌러 보기 | 손으로 쌓아 보기 |

구분	나무 막대	플라스틱 막대
관찰한 내용	• 눈으로 볼 수 있습니다. • 손으로 잡을 수 있습니다. • 단단합니다. • 쌓을 수 있습니다.	• 눈으로 볼 수 있습니다. • 손으로 잡을 수 있습니다. • 단단합니다. • 쌓을 수 있습니다.

2 나무 막대 한 개와 플라스틱 막대 한 개를 각각 여러 가지 모양의 투명한 용기에 옮겨 담으면서 모양과 ✓부피 변화를 관찰해 봅시다.

✓ **부피** 어떤 물질이 차지하는 공간의 크기나 양

▲ 나무 막대

▲ 플라스틱 막대

구분	나무 막대	플라스틱 막대
모양 변화	변하지 않습니다.	변하지 않습니다.
부피 변화	변하지 않습니다.	변하지 않습니다.

정리 **나무 막대와 플라스틱 막대의 공통점은 무엇일까요?**
→ 눈으로 볼 수 있습니다.
→ 손으로 잡을 수 있습니다.
→ 여러 가지 모양의 용기에 옮겨 담아도 막대의 모양과 부피가 변하지 않습니다.

📖 내 교과서   7종 공통

활동 2 · 용기에 따른 액체의 모양과 부피 변화 관찰하기

과정 및 결과

실험 동영상

1 물과 주스를 자유롭게 관찰해 봅시다.

구분	물	주스
관찰한 내용	• 눈으로 볼 수 있습니다. • 흘러내리고, 다른 그릇에 따를 수 있습니다. • 손으로 잡을 수 없습니다. 	• 눈으로 볼 수 있습니다. • 흘러내리고, 다른 그릇에 따를 수 있습니다. • 손으로 잡을 수 없습니다. 

2 투명한 용기에 물을 반 정도 넣은 뒤 유성 펜으로 물의 높이를 표시합니다.

3 물을 모양이 다른 용기에 옮겨 담으면서 물의 모양을 관찰해 보고, 처음 용기에 물을 다시 옮겨 담은 뒤 표시한 물의 높이를 비교해 봅시다.

관찰한 내용

• 담는 용기의 모양에 따라 물의 모양이 변합니다.
• 처음 용기에 물을 다시 옮기면 처음 표시한 높이와 같습니다.
➡ 부피가 변하지 않습니다.

4 과정 **2~3**과 같은 방법으로 주스의 모양과 부피 변화를 관찰해 봅시다.

관찰한 내용

• 담는 용기의 모양에 따라 주스의 모양이 변합니다.
• 처음 용기에 주스를 다시 옮기면 처음 표시한 높이와 같습니다.
➡ 부피가 변하지 않습니다.

정리 · **물과 주스의 공통점은 무엇일까요?**

➡ 눈으로 볼 수 있습니다.

➡ 흘러내리고 손으로 잡을 수 없습니다.

➡ 담는 용기의 모양에 따라 물과 주스의 모양은 변하지만, 부피는 변하지 않습니다.

개념 이해하기

1 고체의 성질

① 고체: 담는 용기가 바뀌어도 모양과 부피가 변하지 않는 물질의 상태입니다.

② 고체의 성질

- 눈으로 볼 수 있고, 손으로 잡을 수 있습니다.
- 담는 용기가 바뀌어도 고체의 모양과 부피가 변하지 않습니다. → 고체보다 입구가 작은 용기에 고체를 넣을 수 없습니다.

용기에 따른 나무 막대의 모양과 부피 변화
- 나무 막대의 모양이 변하지 않습니다.
- 나무 막대의 부피가 변하지 않습니다.

03
일차

2 액체의 성질

① 액체: 담는 용기에 따라 모양은 변하지만, 부피는 변하지 않는 물질의 상태입니다.

② 액체의 성질 → 투명한 액체도 있고 투명하지 않은 액체도 있습니다.

- 눈으로 볼 수 있지만, 흘러내려서 손으로 잡을 수 없습니다.
- 담는 용기에 따라 모양이 변하지만 부피는 변하지 않습니다.

용기에 따른 주스의 모양과 부피 변화
- 주스의 모양이 변합니다.
- 주스의 부피가 변하지 않습니다.

핵심 개념 확인하기

| 정답과 해설 • 2쪽

- **고체**: 담는 용기가 바뀌어도 ❶ [   ]과 부피가 변하지 않는 물질의 상태입니다.

- **액체**: 담는 용기에 따라 모양은 변하지만, ❷ [   ]는 변하지 않는 물질의 상태입니다.

- **고체와 액체의 성질**

고체의 성질	액체의 성질
• 눈으로 볼 수 있습니다.	• 눈으로 볼 수 있습니다.
• 손으로 잡을 수 ❸ [ ]습니다.	• 흘러내려서 손으로 잡을 수 ❹ [ ]습니다.
• 담는 용기가 바뀌어도 모양과 부피가 변하지 않습니다.	• 담는 ❺ [ ]에 따라 모양이 변하지만 부피는 변하지 않습니다.

고체의 성질

1 다음과 같이 나무 막대와 플라스틱 막대를 각각 여러 가지 모양의 용기에 옮겨 담으면서 모양과 부피 변화를 관찰했습니다. 결과로 옳은 것을 골라 기호를 써 봅시다.

▲ 나무 막대

▲ 플라스틱 막대

구분	㉠	㉡	㉢	㉣
모양 변화	있다.	있다.	없다.	없다.
부피 변화	없다.	있다.	있다.	없다.

(   )

2 다음 (   ) 안에 알맞은 말을 써 봅시다.

> 담는 용기가 바뀌어도 모양과 부피가 변하지 않는 물질의 상태를 (   )(이)라고 한다.

(   )

액체의 성질

3 오른쪽 물과 주스를 관찰한 내용을 옳게 말한 사람의 이름을 써 봅시다.

▲ 물   ▲ 주스

> • 연우: 물은 흘러내려.
> • 민준: 주스는 눈으로 볼 수 없어.
> • 지훈: 물과 주스는 모두 손으로 잡을 수 있어.

(   )

4 액체의 성질에 대한 설명으로 옳은 것은 어느 것입니까?　（　　　）

① 모두 투명하다.
② 눈으로 볼 수 없다.
③ 담은 용기를 기울여도 모양은 일정하다.
④ 담는 용기가 바뀌어도 모양이 변하지 않는다.
⑤ 담는 용기가 바뀌어도 부피가 변하지 않는다.

5 다음과 같은 성질이 있는 상태의 물체를 보기 에서 골라 기호를 써 봅시다.

담는 용기에 따라 모양은 변하지만 부피는 변하지 않는 물질의 상태

보기

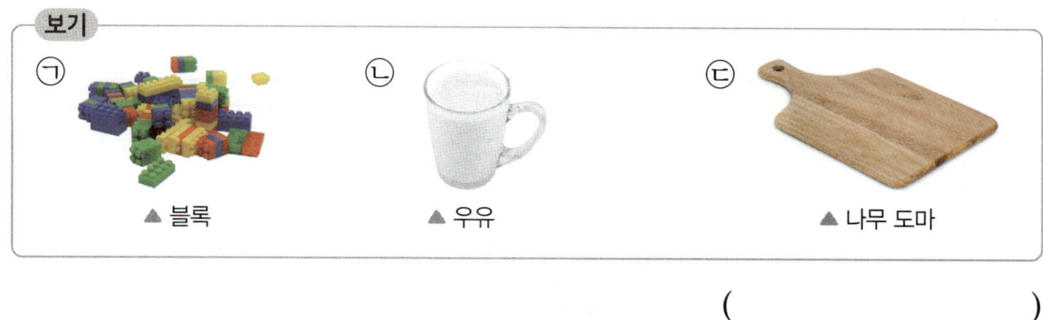

（　　　）

퀴즈 로 마무리하기

● 담는 용기가 바뀌어도 모양과 부피가 변하지 않는 물체가 적혀 있는 풍선에 매달린 자음자와 모음자를 이용하여 낱말을 만들 수 있습니다. 만들 수 있는 낱말을 써 봅시다.

04 ^{일차}

여러 가지 물질의 상태(2)

만화로 생각 열기

활동 **기체가 공간을 차지하고 있음을 알아보는 실험하기**

과정 및 결과

➕ 또 다른 방법!

📖 천재(이)

물이 담긴 수조에 컵과 ㄱ자 유리관이 연결된 고무관, 주사기를 장치한 후, 공기가 든 주사기의 피스톤을 밀면서 컵 안에서 일어나는 변화를 관찰하는 방법도 있습니다.

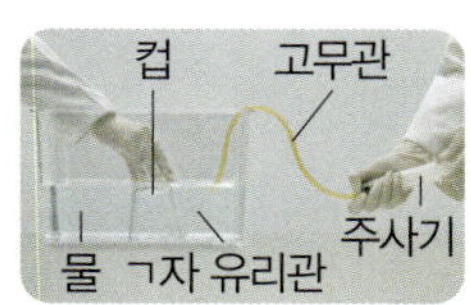

- 컵 안 ㄱ자 유리관에서 공기 방울이 나와 올라갑니다.
- 컵 안 물 높이가 점점 낮아집니다.

1 물이 담긴 수조에 펜으로 물의 높이를 표시한 뒤, 물 위에 페트병 뚜껑을 띄웁니다.

→ 아랫부분을 자른 페트병을 이용할 수도 있습니다.

2 플라스틱 컵을 거꾸로 세워 수조 안의 페트병 뚜껑을 덮고 플라스틱 컵을 천천히 눌렀다가 다시 올리면서 페트병 뚜껑의 위치와 수조 안 물의 높이를 관찰해 봅시다.

구분	바닥까지 컵을 밀어 넣을 때	천천히 컵을 위로 올릴 때
결과		
페트병 뚜껑의 위치	내려갑니다.	올라갑니다.
수조 안 물의 높이	높아집니다.	낮아집니다.

3 바닥에 구멍이 뚫린 플라스틱 컵을 거꾸로 세워 과정 **2**와 같은 방법으로 실험해 봅시다.

구분	바닥까지 컵을 밀어 넣을 때	천천히 컵을 위로 올릴 때
결과		
페트병 뚜껑의 위치	그대로 있습니다.	그대로 있습니다.
수조 안 물의 높이	변화가 없습니다.	변화가 없습니다.

4 과정 **2**와 과정 **3**의 변화가 나타난 까닭을 비교해 봅시다.

과정 **2**의 변화가 나타난 까닭	과정 **3**의 변화가 나타난 까닭
컵 안의 공기가 공간을 차지하기 때문입니다. ➡ 컵 안의 공기 부피만큼 물이 밀려 나와 수조 안 물의 높이가 높아집니다.	컵 안의 공기가 구멍으로 빠져나가기 때문입니다. ➡ 물이 컵 안으로 들어가 수조 안 물의 높이가 변하지 않습니다.

✔ **공간** 아무 것도 없는 빈 곳

정리 **위 활동으로 알 수 있는 공기의 성질은 무엇일까요?**

➡ 공기는 공간을 차지하고 있습니다.

04
일차

1 기체

① 기체: 공기처럼 담는 용기에 따라 모양이 변하고, 담긴 용기를 가득 채우는 물질의 상태입니다.

② 우리 주변에 공기가 있음을 알 수 있는 현상
- 연이 하늘 높이 날고 있습니다.
- 나뭇가지가 바람에 흔들립니다.

2 기체의 성질

① 기체는 눈으로 볼 수 없고, 손으로 잡을 수 없습니다.

② 기체는 담는 용기에 따라 모양이 변합니다.

여러 가지 모양의 풍선에 공기를 넣으면 풍선 속 공기의 모양은 풍선의 모양과 같습니다.

③ 기체는 공간을 차지하고 담긴 용기를 가득 채웁니다.

뚜껑을 닫은 페트병의 양옆을 손으로 눌러도 페트병이 잘 찌그러지지 않습니다.

→ 페트병 속의 공기가 공간을 차지하기 때문입니다.

비눗방울에 공기를 불어넣어 부풀게 할 수 있습니다.

④ 기체는 다른 곳으로 이동할 수 있습니다.

공기 주입기를 이용해서 자전거 바퀴에 공기를 넣습니다.

공기 흐름에 따라 바람 인형이 이동하여 움직입니다.

3 고체, 액체, 기체의 성질과 종류

고체, 액체, 기체는 눈으로 볼 때, 손으로 잡을 때, 모양이 다른 용기에 담을 때
서로 같은 성질도 있고 다른 성질도 있습니다.

구분	고체	액체	기체
눈으로 볼 때	볼 수 있습니다.	볼 수 있습니다.	대부분 볼 수 없습니다.
손으로 잡을 때	잡을 수 있습니다.	잡을 수 없습니다.	잡을 수 없습니다.
모양이 다른 용기에 담을 때	담는 용기가 바뀌어도 모양과 부피가 모두 변하지 않습니다.	담는 용기에 따라 모양은 변하지만, 부피는 변하지 않습니다.	담는 용기에 따라 모양이 변하고, 담긴 용기를 가득 채웁니다.

핵심 개념 확인하기

정답과 해설 • 3쪽

✔ **기체** : 담는 용기에 따라 ❶ [　　] 이 변하고, 담긴 용기를 가득 채우는 물질의 상태입니다.

✔ **기체의 성질**
- 눈으로 볼 수 없고, 손으로 잡을 수 없으며 담는 용기에 따라 모양이 변합니다.
- ❷ [　　] 을 차지하고 담긴 용기를 ❸ [　　] 채우며, 다른 곳으로 이동할 수 있습니다.

✔ **고체, 액체, 기체의 성질과 종류**
- 고체, 액체, ❹ [　　] 는 눈으로 볼 때, 손으로 잡을 때, 모양이 다른 용기에 담을 때 서로 같은 성질도 있고 다른 성질도 있습니다.
- ❺ [　　] 에는 나무 도마, 액체에는 우유, 기체에는 튜브 안의 공기 등이 있습니다.

문제로 완성하기

1 기체의 성질에 대한 설명으로 옳은 것은 ○표, 옳지 <u>않은</u> 것은 ×표 해 봅시다.

(1) 눈으로 볼 수 없다. (　　　)

(2) 손으로 잡을 수 있다. (　　　)

(3) 담는 용기에 따라 모양이 변한다. (　　　)

[2~3] 다음과 같이 바닥에 구멍이 뚫리지 않은 플라스틱 컵과 구멍이 뚫린 플라스틱 컵으로 물 위에 띄운 페트병 뚜껑을 각각 덮은 뒤 수조 바닥까지 밀어 넣었습니다.

2 (가)의 결과로 옳은 것을 <u>두 가지</u> 골라 써 봅시다. (　　,　　)

① 수조 안 물의 높이가 낮아진다.

② 수조 안 물의 높이가 높아진다.

③ 수조 안 물의 높이는 변화가 없다.

④ 페트병 뚜껑이 그대로 물 위에 떠 있다.

⑤ 페트병 뚜껑이 수조의 바닥으로 내려간다.

3 (나)에서 수조 안 물의 높이 변화로 옳은 것을 보기 에서 골라 기호를 써 봅시다.

> **보기**
>
> ㉠ 높아진다.　　　㉡ 낮아진다.　　　㉢ 변화가 없다.

(　　　　　)

4 오른쪽은 공기를 넣어 만든 다양한 모양의 풍선입니다. 이것을 통해 알 수 있는 기체의 성질을 옳게 말한 사람의 이름을 써 봅시다.

완성
04
일차

> • 선재: 기체는 무게가 없어.
> • 준우: 기체는 담긴 용기를 가득 채워.
> • 현아: 기체는 담는 용기가 달라져도 모양이 변하지 않아.

(   )

◆ 고체, 액체, 기체의 성질과 종류

5 우리 주변의 물질을 고체, 액체, 기체로 분류했을 때, <u>잘못</u> 분류한 것은 어느 것입니까? (   )

① 
▲ 튜브 안의 공기 – 기체

② 
▲ 축구공 안의 공기 – 고체

③ 
▲ 우유 – 액체

④ 
▲ 블록 – 고체

⑤ 
▲ 주스 – 액체

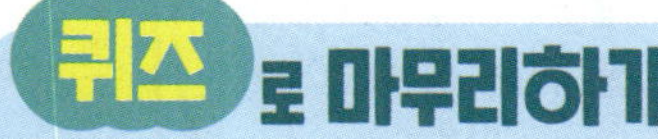  **로 마무리하기**

● 기체의 성질이 적힌 카드를 골라 카드에 적힌 숫자를 모두 곱하면 비밀번호가 나온다고 합니다. 비밀번호를 써 봅시다.

1 잡을 수 없습니다.

2 볼 수 없습니다.

3 담는 용기가 바뀌어도 모양이 변하지 않습니다.

4 공간을 차지합니다.

5 다른 곳으로 이동할 수 없습니다.

05 일차

물질의 성질을 이용한 물체

만화로 생각 열기

활동 | 물질의 성질을 이용한 물체 알아보기

과정 및 결과

1 그림에 있는 물체는 어떤 물질로 이루어져 있고, 물질의 어떤 성질을 이용한 것인지 이야기해 봅시다.

물체	물질	이용한 물질의 성질
분수대	물	흐르는 성질
음료수병	유리	투명한 성질
줄넘기	플라스틱	여러 가지 모양으로 만들 수 있는 성질
부푼 풍선	공기	공간을 차지하는 성질
공원 의자	금속	단단한 성질

2 가위, 안경의 각 부분을 이루는 물질과 쓰임새와 관련된 물질의 성질을 이야기해 봅시다.

물체		부분	물질	이용한 물질의 성질
가위	손잡이 / 날	손잡이	플라스틱	가볍고 여러 가지 모양으로 만들 수 있는 성질
		날	금속	단단한 성질
안경	안경테 / 안경알	안경알	유리	투명한 성질
		안경테	금속	튼튼하고 부러지지 않는 단단한 성질

물체를 만들 때에는 한 가지 물질을 이용하기도 하고 여러 가지 물질을 이용하기도 해요.

정리 물체의 쓰임새와 물질의 성질은 어떤 관계가 있을까요?

➡ 물체의 쓰임새에 알맞은 물질의 성질을 이용하여 다양한 물체를 만듭니다.

1 물질의 성질을 이용한 물체

① 우리 주변에는 물질의 성질을 이용하여 만든 여러 가지 물체가 있습니다.

물체		물질	이용한 점
탁자와 의자		플라스틱	플라스틱의 가볍고 여러 가지 모양으로 만들 수 있는 성질을 이용합니다.
인공 폭포		물	물의 흐르는 성질을 이용합니다.
공기 침대		공기	공기의 공간을 차지하는 성질을 이용합니다.

② 한 종류의 물체를 만드는 데 다양한 물질을 이용하기도 합니다. 예 컵→장갑도 비닐장갑, 고무장갑 등 다양한 물질로 만듭니다.

▲ 유리컵　　▲ 나무 컵　　▲ 철 컵　　▲ 플라스틱 컵　　▲ 종이컵

2 물체의 쓰임새에 알맞은 물질의 성질

물질마다 성질이 다르므로 물체의 쓰임새에 알맞은 물질 을 선택하여 물체를 만들면 더 편리하게 사용할 수 있습니다.

핵심 개념 확인하기

정답과 해설 • 3쪽

물질의 성질을 이용한 물체

물체	물질	이용한 성질
탁자와 의자	플라스틱	플라스틱의 여러 가지 모양으로 만들 수 있는 성질을 이용합니다.
인공 폭포	물	물의 ❶ ☐☐☐ 성질을 이용합니다.
공기 침대	공기	공기의 ❷ ☐☐을 차지하는 성질을 이용합니다.

물체의 쓰임새에 알맞은 물질의 성질

물체		물질	쓰임새에 알맞은 물질의 성질
의자	등받이, 앉는 부분	플라스틱	가볍습니다.
	다리	❸ ☐☐	잘 부러지지 않고, 튼튼합니다.
책상	상판	나무	가볍고 단단합니다.
	받침	❹ ☐☐☐☐	바닥이 긁히는 것을 줄여 줍니다.
자전거	몸체	금속	잘 부러지지 않고, 튼튼합니다.
	타이어	❺ ☐☐	충격을 잘 흡수하고, 잘 미끄러지지 않습니다.

● 물질의 성질을
  이용한 물체

1 물질과 물체를 만들 때 이용한 물질의 성질을 선으로 연결해 봅시다.

(1) 인공 폭포의 물 · · ㉠ 공간을 차지하는 성질을 이용한다.

(2) 의자의 플라스틱 · · ㉡ 가볍고 여러 가지 모양으로 만들 수 있는 성질을 이용한다.

(3) 공기 침대 안의 공기 · · ㉢ 흐르는 성질을 이용한다.

2 오른쪽 공원 의자를 이루는 물질과 이용한 물질의 성질에 대해 옳게 말한 사람의 이름을 써 봅시다.

- 연우: 금속의 단단한 성질을 이용했어.
- 지훈: 유리의 투명한 성질을 이용했어.
- 서윤: 고무의 쉽게 구부러지는 성질을 이용한 거야.

(   )

● 물체의 쓰임새에
  알맞은 물질의 성질

3 오른쪽 의자와 책상에 대한 설명으로 옳은 것에 ○표, 옳지 않은 것에 ×표 해 봅시다.

(1) ㉠은 가볍고 단단하도록 유리로 만든다. (   )

(2) ㉡은 바닥이 긁히는 것을 줄여 주기 위해 플라스틱으로 만든다. (   )

(3) ㉢을 나무로 만들면 가볍고 단단하다. (   )

4 오른쪽 자전거의 각 부분을 이루고 있는 물질에 대한 설명으로 옳은 것은 어느 것입니까? ( )

① 페달은 튼튼해야 하므로 유리로 만든다.
② 손잡이는 잘 미끄러지도록 금속으로 만든다.
③ 안장은 질기고 부드러워야 하므로 플라스틱으로 만든다.
④ 몸체는 튼튼하고 잘 부러지지 않아야 하므로 금속으로 만든다.
⑤ 타이어는 충격을 잘 흡수해야 하므로 빨리 원래 모습으로 돌아오는 유리로 만든다.

완성
05
일차

5 다음 ( ) 안에 알맞은 말을 써 봅시다.

> 물질마다 ( )이/가 다르므로 물체의 쓰임새에 알맞은 물질을 선택하여 물체를 만들면 더 편리하게 사용할 수 있다.

( )

● 두더지가 들고 있는 카드와 관계있는 망치로만 두더지를 잡을 수 있습니다. 두더지와 두더지를 잡을 수 있는 망치를 선으로 연결해 봅시다.

생각 그물로 정리하기

● 다음 빈칸에 들어갈 내용을 써서 생각 그물을 완성해 보세요.

물체와 물질

⊙ 1~2일차

물질의 성질과 물체의 분류

물체를 이루는 물질의 성질

• 물체는 모양이 있고 공간을 차지하는 것이며, ❶ [ ]은 물체를 만드는 재료입니다.

• 물질의 예

나무	금속	유리	플라스틱
고유한 향과 무늬가 있고 물에 뜹니다.	단단하고 무거우며 광택이 있습니다.	투명하고 매끄러우며 잘 깨집니다.	가볍고 모양을 다양하게 만들 수 있습니다.

물체의 분류

❷ [ ]는 물질의 종류에 따라 분류할 수 있습니다.

나무

▲ 나무 도마

금속

▲ 아령

유리

▲ 유리컵

플라스틱
▲ 장난감

⊙ 5일차

물질의 성질을 이용한 물체

물질마다 ❾ [ ]이 다르므로 물체의 ❿ [ ]에 알맞은 물질을 선택하여 물체를 만들면 더 편리하게 사용할 수 있습니다.

탁자와 의자
▲ 플라스틱의 가볍고 여러 가지 모양으로 만들 수 있는 성질을 이용합니다.

인공 폭포
▲ 물의 흐르는 성질을 이용합니다.

공기 침대
▲ 공기의 공간을 차지하는 성질을 이용합니다.

06
일차

여러 가지 물질의 상태

◔ 3~4일차

고체의 성질

- 고체: 담는 용기가 바뀌어도 모양과 부피가 변하지 않는 물질의 상태입니다.
- 눈으로 볼 수 있고, 손으로 잡을 수 ❸ [ ] 습니다.
- 담는 용기가 바뀌어도 ❹ [ ][ ]과 부피가 변하지 않습니다.

▲ 플라스틱 막대를 여러 가지 모양의 용기에 담은 모습

- 막대의 모양이 변하지 않습니다.
- 막대의 부피가 변하지 않습니다.

액체의 성질

- 액체: 담는 용기에 따라 모양은 변하지만 부피는 변하지 않는 물질의 상태입니다.
- 눈으로 볼 수 있지만, 흘러내려서 손으로 잡을 수 ❺ [ ] 습니다.
- 담는 용기에 따라 모양이 변하지만, ❻ [ ][ ]는 변하지 않습니다.

▲ 주스를 여러 가지 모양의 용기에 담은 모습

- 주스의 모양이 변합니다.
- 주스의 부피가 변하지 않습니다.

기체의 성질

- 기체: 담는 용기에 따라 모양이 변하고 담긴 용기를 가득 채우는 물질의 상태입니다.
- 눈으로 볼 수 없고, 손으로 잡을 수 없습니다.
- 담는 용기에 따라 모양이 변하고, 담긴 용기를 가득 채웁니다.
- ❼ [ ][ ]을 차지합니다.
- 다른 곳으로 ❽ [ ][ ]할 수 있습니다.

풍선에 공기를 넣으면 풍선의 모양대로 변하고, 공기가 풍선 안을 가득 채웁니다.

비눗방울에 공기를 불어넣어 부풀게 할 수 있습니다.

공기 흐름에 따라 바람 인형이 이동하여 움직입니다.

(맞은 개수   개)

1 이루고 있는 물질이 같은 물체끼리 옳게 짝 지은 것은 어느 것입니까? (   )

① 빗, 옷
② 금속 집게, 고무공
③ 아령, 타이어
④ 나무 도마, 나무 주걱
⑤ 고무풍선, 어항

2 다음 물질의 성질에 해당하는 것을 선으로 연결해 봅시다.

(1) 유리 · · ㉠ 광택이 있고 단단하다.

(2) 금속 · · ㉡ 고유한 향과 무늬가 있다.

(3) 나무 · · ㉢ 투명하고 잘 깨진다.

✦중요✦
3 다음 실험의 결과를 통해 알 수 있는 사실로 옳은 것은 어느 것입니까? (   )

- 같은 크기의 금속판과 나무판을 서로 긁어 보았더니 금속판은 잘 긁히지 않았지만, 나무판은 잘 긁혔다.
- 같은 크기의 금속판과 나무판을 물에 넣었더니 금속판은 물에 가라앉고 나무판은 물에 떴다.

① 금속은 나무보다 단단하다.
② 금속은 나무보다 잘 구부러진다.
③ 금속과 나무는 성질이 모두 같다.
④ 나무는 고유한 향과 무늬가 있다.
⑤ 물에 뜨는 물체는 모두 나무로 이루어져 있다.

✦중요✦
4 플라스틱으로 만들어 가벼우면서도 단단한 물체를 보기 에서 골라 기호를 써 봅시다.

(   )

5 다음과 같이 입구가 작은 삼각 플라스크에 나무 도막을 넣으려고 했지만 넣을 수 없었습니다. 이와 같은 현상이 나타나는 까닭을 옳게 말한 사람의 이름을 써 봅시다.

- 지아: 나무 도막은 무늬가 있기 때문이야.
- 준우: 나무 도막은 부피가 변하지 않기 때문이야.
- 현아: 나무 도막은 모양이 변하기 때문이야.

(   )

[6~7] 다음은 나무 막대를 여러 가지 모양의 용기에 옮겨 담아 본 모습입니다.

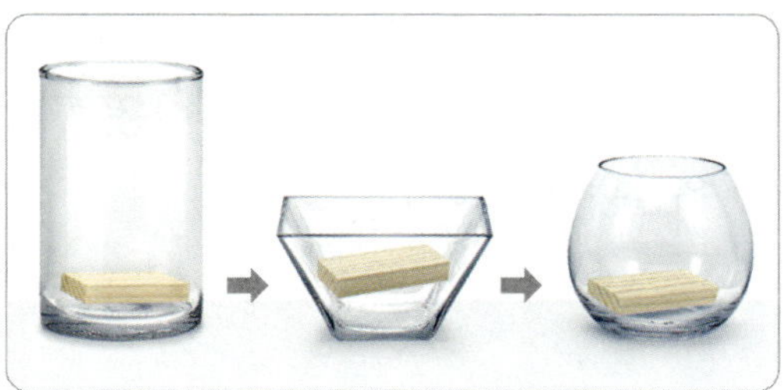

6 위 실험을 통해 알 수 있는 나무 막대의 성질을 써 봅시다.

____

____

7 위 나무 막대와 같은 물질로 이루어진 물체는 어느 것입니까? (   )

① 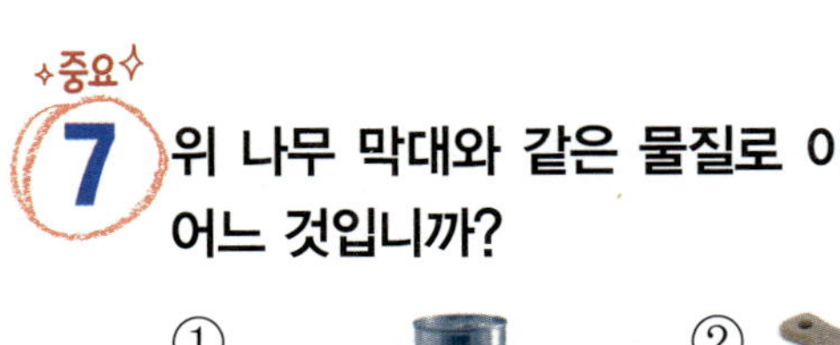
▲ 금속 캔

② 
▲ 나무 도마

③ 
▲ 유리 그릇

④ 
▲ 타이어

⑤ 
▲ 빗

8 고체와 액체에 대한 설명으로 옳은 것을 보기 에서 골라 기호를 써 봅시다.

보기
ⓐ 고체는 담는 용기의 모양이 달라지면 모양이 변한다.
ⓑ 액체는 담는 용기의 모양이 달라져도 모양이 변하지 않는다.
ⓒ 고체와 액체는 담는 용기의 모양이 달라져도 부피가 변하지 않는다.

(   )

[9~10] 다음과 같이 투명한 용기에 주스를 담아 높이를 표시한 뒤 주스를 다른 모양의 용기에 차례대로 옮겨 담았습니다.

9 위와 같이 주스를 옮겨 담을 때에 대한 설명으로 옳은 것은 어느 것입니까? (   )

① 주스의 높이는 모두 같다.
② 담긴 주스의 부피가 용기에 따라 다르다.
③ 담긴 주스의 모양이 용기에 따라 다르다.
④ 담긴 주스의 색깔이 용기에 따라 다르다.
⑤ ⓒ 용기에 들어 있는 주스는 손으로 잡을 수 있다.

10 위 ⓒ 용기에 담긴 주스를 다시 ⓐ 용기에 옮겨 담으면 주스의 높이는 어떻게 되는지 (   ) 안의 알맞은 말에 ○표 해 봅시다.

주스의 높이가 처음에 표시했던 높이와
(같다, 다르다).

11 다음 우유, 물, 주스의 공통점으로 옳은 것은 어느 것입니까? ( )

▲ 우유   ▲ 물   ▲ 주스

① 단단하다.
② 고체이다.
③ 손으로 잡을 수 있다.
④ 담는 용기에 따라 모양이 변한다.
⑤ 담는 용기가 바뀌면 부피가 달라진다.

12 다음과 같이 바닥에 구멍이 뚫리지 않은 플라스틱 컵으로 물에 띄운 페트병 뚜껑을 덮어 수조 바닥까지 밀어 넣을 때의 결과로 옳은 것은 어느 것입니까? ( )

① 컵 안으로 물이 들어간다.
② 수조의 물 높이가 낮아진다.
③ 수조의 물 높이에 변화가 없다.
④ 페트병 뚜껑이 아래로 내려간다.
⑤ 페트병 뚜껑이 컵 밖으로 나온다.

13 기체가 공간을 차지하는 성질을 이용한 예가 아닌 것은 어느 것입니까? ( )

① 축구공   ② 나무 막대
③ 공기 침대   ④ 물놀이용 튜브
⑤ 응원용 막대풍선

14 다음과 같이 펌프를 사용하면 자전거 타이어가 팽팽해집니다. 펌프를 통해 자전거 타이어에 들어가는 것은 무엇인지 써 봅시다.

( )

15 다음은 다양한 모양의 풍선에 공기가 들어 있는 모습입니다. 이를 통해 알 수 있는 기체의 성질을 써 봅시다.

____

____

16 물, 축구공 안의 공기, 블록을 관찰한 결과로 옳은 것은 어느 것입니까? ( )

▲ 물   ▲ 축구공 안의 공기   ▲ 블록

① 물 – 흘러내린다.
② 물 – 눈에 보이지 않는다.
③ 축구공 안의 공기 – 눈으로 볼 수 있다.
④ 축구공 안의 공기 – 손으로 잡을 수 있다.
⑤ 블록 – 담는 용기에 따라 모양이 변한다.

17 오른쪽과 같이 금속으로 안경테를 만들면 좋은 점에 대해 옳게 말한 사람의 이름을 써 봅시다.

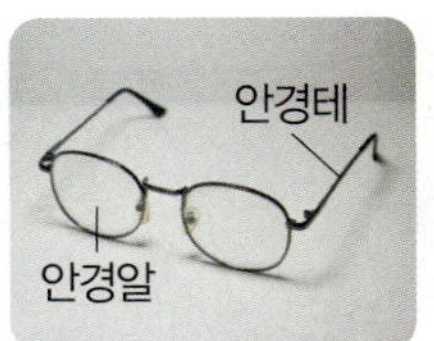

- 서윤: 가벼워서 좋아.
- 준우: 고유한 향과 무늬가 있어서 좋아.
- 지아: 튼튼하고 잘 부러지지 않아서 좋아.

( )

18 다음 책상의 받침을 이루고 있는 물질과 그 물질로 만들면 좋은 점을 써 봅시다.

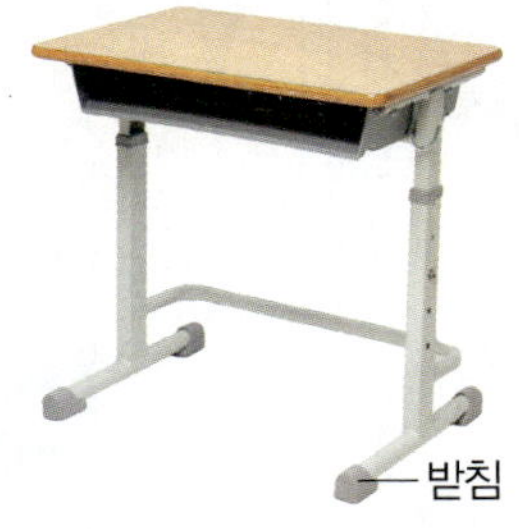

____

____

19 다음 의자의 각 부분을 이루고 있는 물질을 옳게 나타낸 것은 어느 것입니까? ( )

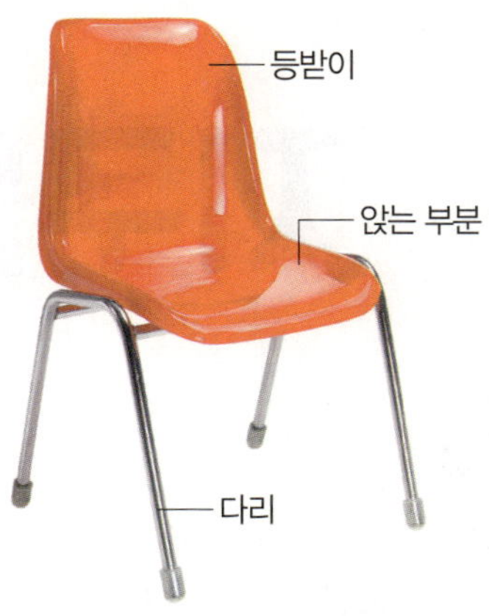

① 다리 – 나무
② 다리 – 금속
③ 등받이 – 유리
④ 등받이 – 나무
⑤ 앉는 부분 – 고무

20 자전거에서 다음 설명과 관계있는 부분의 기호를 써 봅시다.

금속으로 만들어져 잘 부러지지 않고 튼튼하다.

( )

2. 지구와 바다

07 일차

지구를 둘러싼 기체

만화로 생각 열기

탐구로 시작하기

활동　　**주변의 공기 알아보기**

과정 및 결과

➕ 또 다른 방법!

📖 미래엔

- 공기 주입기의 손잡이를 당겼다가 밀면 바람이 나옵니다.
- 공기를 넣은 풍선 입구를 열면 풍선에 넣었던 공기가 빠져나옵니다.

- 바람을 불면 색종이 조각이 날아갑니다.

📖 동아

일상생활을 나타낸 그림에서 공기를 느낄 수 있는 곳을 찾아보는 방법도 있습니다.

1 공기를 넣은 지퍼 백을 이용해 공기를 느껴 봅시다.

방법	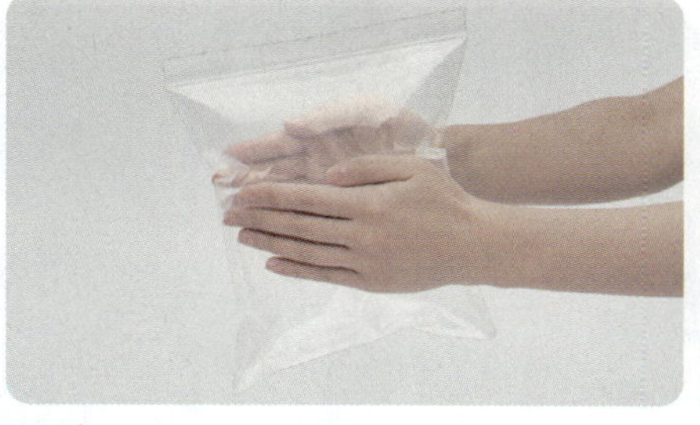 지퍼 백에 공기를 넣고 입구를 닫은 뒤, 지퍼 백을 관찰해 봅니다. ↳ 지퍼 백 안의 공기는 보이지 않고 투명합니다.	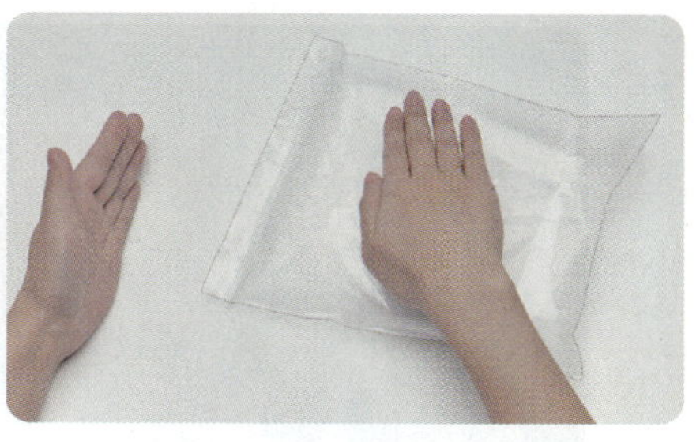 공기를 넣은 지퍼 백 입구를 조금 열고 지퍼 백을 누르면서 지퍼 백 입구에 손을 가까이 대어 봅니다.
결과	• 지퍼 백이 팽팽합니다. • 지퍼 백을 만져 보면 말랑말랑하고, 손으로 누르면 살짝 들어갑니다.	• 손에 시원한 느낌이 듭니다. • 지퍼 백 안에서 공기가 빠져나오는 것을 느낄 수 있습니다.

2 바람개비와 부채를 이용해 공기를 느껴 봅시다.

방법	 바람개비를 들고 움직입니다.	부채를 부칩니다.
결과	주변의 공기가 바람개비의 날개를 밀어 바람개비가 돌아갑니다.	공기가 움직이면서 바람이 불어 시원한 느낌이 듭니다.

3 우리 주변에 공기가 있는 것을 알 수 있는 또 다른 현상을 이야기해 봅시다.

➡ 연을 날릴 수 있습니다.

➡ 바람에 깃발이 펄럭입니다.

➡ 자전거 바퀴에 공기를 넣을 수 있습니다.

정리　　**위 활동을 통해 알게 된 점은 무엇인가요?**

➡ 눈에 보이지 않지만 우리 주변에는 공기가 있습니다.

개념 이해하기

1 대기

① 대기: 지구를 둘러싸고 있는 공기입니다.

② 대기는 눈에 보이지 않고 손으로 만질 수 없지만, 우리 주변과 지구를 둘러싸고 있습니다.

▲ 우주에서 본 지구의 대기

2 공기를 느낄 수 있는 방법

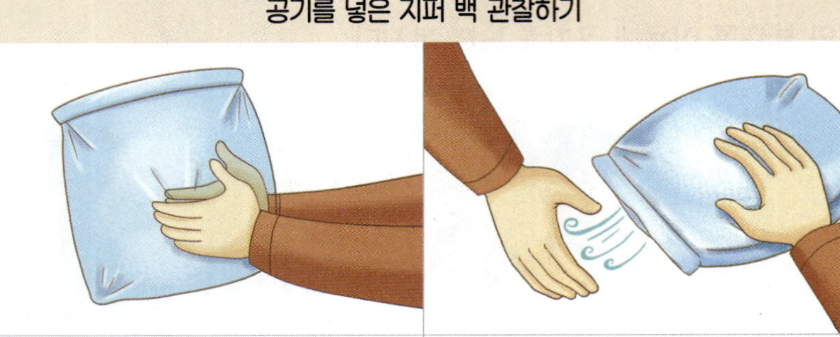

지퍼 백이 팽팽하고 손으로 누르면 살짝 들어가며, 지퍼 백 안의 공기는 눈에 보이지 않습니다.

지퍼 백 입구를 조금 열고 누르면서 지퍼 백 입구에 손을 대면 공기가 빠져나오는 것을 느낄 수 있습니다.

바람개비를 들고 움직이면 주변의 공기가 바람개비의 날개를 밀어 바람개비가 돌아갑니다.

부채를 부치면 시원한 바람이 불어 공기를 느낄 수 있습니다.

공기 주입기를 손에 가까이 대고 손잡이를 밀면 공기 주입기에서 공기가 빠져나오는 것을 느낄 수 있습니다.

3 지구에 대기가 있어 나타나는 현상

연을 날릴 수 있습니다.

비눗방울을 불 수 있습니다.

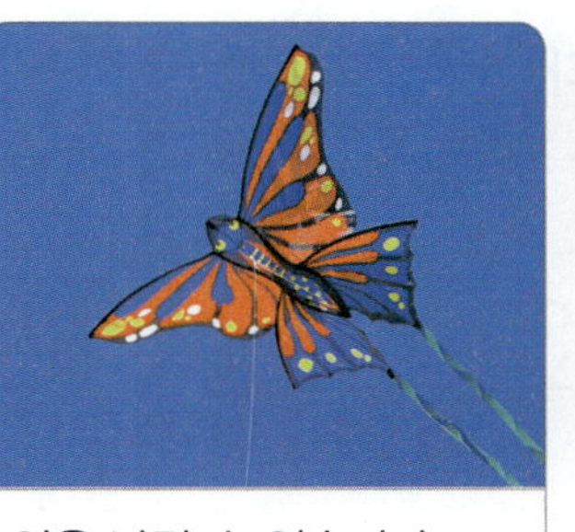
✔열기구를 탈 수 있습니다.

✔ **열기구** 기구 속의 공기를 가열해 팽창시켜서 떠오르게 만든 장치

바람에 깃발이나 나뭇잎이 흔들립니다.

생물이 숨을 쉴 수 있습니다.

돛단배나 요트가 움직일 수 있습니다.

자전거 바퀴나 튜브에 공기를 넣을 수 있습니다.

바람이 불면 ✔풍력 발전을 할 수 있습니다.

✔ **풍력 발전** 바람의 힘으로 전기를 일으키는 방법

4 지구에 대기가 없다면 일어날 수 있는 일

① 생물이 숨을 쉴 수 없어 살 수 없을 것입니다. → 지구에 대기가 있어 생물이 살 수 있습니다.

② 구름이 없고, 비나 눈도 내리지 않을 것입니다.

③ 연을 날릴 수 없고, 열기구를 탈 수 없을 것입니다.

④ 바람이 불지 않아 풍력 발전을 할 수 없을 것입니다.

핵심 개념 확인하기 

❚ 정답과 해설 • 6쪽

☑ **대기:** 지구를 둘러싸고 있는 ❶ ☐☐ 로, 눈에 보이지 않습니다.

☑ **지구에 ❷ ☐☐ 가 있어 나타나는 현상**

- 생물이 숨을 쉴 수 있습니다.
- 연을 날릴 수 있고, 열기구를 탈 수 있습니다.
- 바람이 불면 ❸ ☐☐ 발전을 할 수 있습니다.
- 바람개비가 돌아가고, 비눗방울을 불 수 있습니다.

> 대기

1 다음 (   ) 안에 공통으로 들어갈 알맞은 말을 써 봅시다.

> • 지구를 둘러싸고 있는 공기를 (   )(이)라고 한다.
> • 눈에 보이지 않지만 우리 주변에는 (   )이/가 있다.

(   )

> 공기를 느낄 수
> 있는 방법

2 공기를 느낄 수 있는 방법으로 옳지 <u>않은</u> 것을 골라 기호를 써 봅시다.

ㄱ 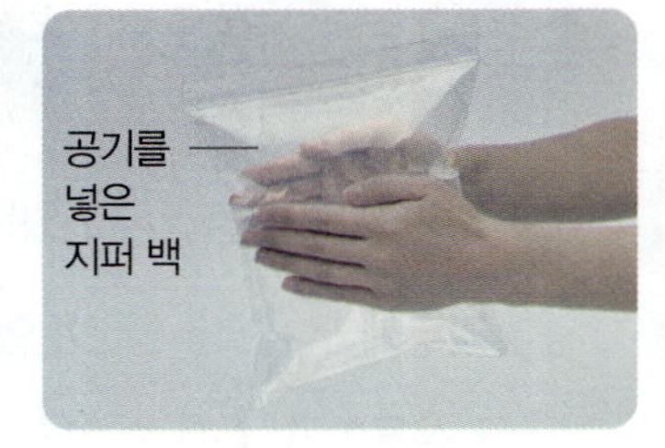

▲ 바람개비를 들고 움직입니다.

ㄴ

▲ 공기의 모습을 사진으로 찍습니다.

ㄷ

▲ 공기 주입기를 손에 가까이 대고 손잡이를 밉니다.

(   )

3 오른쪽과 같이 공기를 넣은 지퍼 백을 관찰할 때에 대한 설명으로 옳지 <u>않은</u> 것은 어느 것입니까? (   )

공기를 ── 넣은 지퍼 백

① 지퍼 백이 팽팽하다.
② 지퍼 백 안은 투명하다.
③ 지퍼 백을 만져 보면 말랑말랑하다.
④ 지퍼 백을 손으로 누르면 살짝 들어간다.
⑤ 지퍼 백 입구를 조금 열고 누르면 공기가 지퍼 백 안으로 들어간다.

❯ 지구에 대기가
있어 나타나는
현상

4 지구에 대기가 있는 것과 관계가 **없는** 것은 어느 것입니까?　　　　　(　　　)

① 
▲ 펄럭이는 깃발

② 
▲ 풍력 발전

③ 
▲ 자석

④ 
▲ 하늘을 나는 연

⑤ 
▲ 열기구

❯ 지구에 대기가
없다면 일어날
수 있는 일

5 지구에 대기가 없을 때 일어날 수 있는 일을 옳게 예상한 사람의 이름을 써 봅시다.

> • 지후: 비나 눈이 계속 내릴 거야.
> • 소연: 생물은 숨을 쉴 수 없을 거야.
> • 정민: 비눗방울을 더 크게 불 수 있을 거야.

　　　　　　　　　　　　　　　　　(　　　　　　　)

  퀴즈 로 마무리하기

● 대기의 특징이 옳게 적힌 카드를 골라 카드에 적힌 숫자를 모두 더하면 비밀번호가 나온다고 합니다.
비밀번호를 써 봅시다.

1 대기는 하얀색을 띱니다.	2 대기는 지구를 둘러싸고 있습니다.	3 부채를 부치면 대기를 느낄 수 있습니다.

4 대기가 있어 나뭇잎이 바람에 흔들립니다.	5 대기가 없어도 생물은 살 수 있습니다.

08 일차

2. 지구와 바다

지구 표면의 모습

만화로 생각 열기

탐구로 시작하기

활동 지구의 육지와 바다 면적 비교하기

과정 및 결과

실험 동영상

또 다른 방법!

동아, 아이스크림

지구본의 육지와 바다에 각각 다른 색깔의 붙임딱지(또는 붙임쪽지)를 붙여 개수를 비교하는 방법도 있습니다.

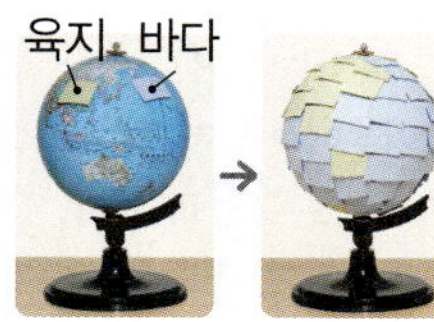
육지 바다

천재(정)

세계 지도를 여러 조각으로 나누어 육지 조각과 바다 조각으로 구분한 뒤, 육지 조각과 바다 조각의 개수를 비교하는 방법도 있습니다.

✔ **면적** 면이 차지하는 넓이의 크기

1 지구 모형을 만듭니다. → 지구 모형 전개도를 접어 지구 모형을 만들 수도 있습니다.

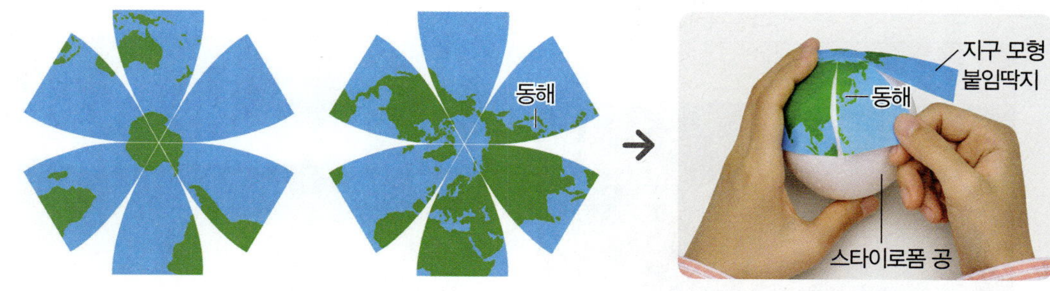

▲ 지구 모형 붙임딱지

▲ 스타이로폼 공에 지구 모형 붙임딱지를 붙여 지구 모형을 만듭니다.

2 지구 모형의 각 칸을 육지와 바다로 구분해 육지와 바다 붙임딱지를 붙입니다.

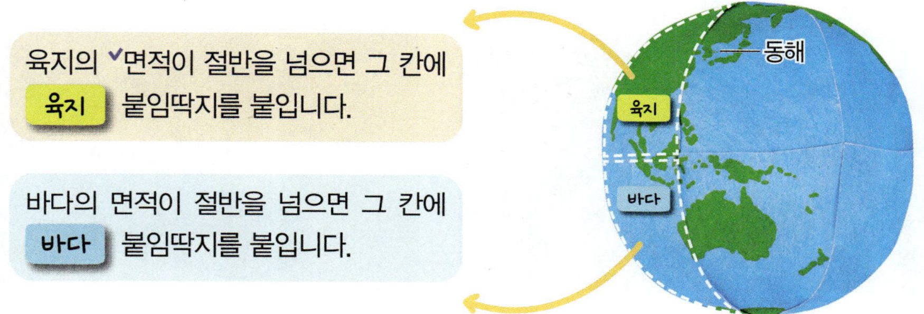

육지의 ✔면적이 절반을 넘으면 그 칸에 **육지** 붙임딱지를 붙입니다.

바다의 면적이 절반을 넘으면 그 칸에 **바다** 붙임딱지를 붙입니다.

3 지구 모형에 붙인 육지와 바다 붙임딱지의 개수를 비교해 봅시다.

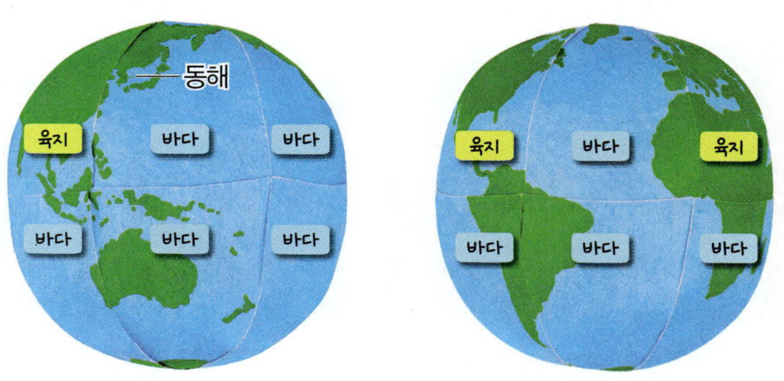

육지 붙임딱지 수	바다 붙임딱지 수
3개	9개

➡ 바다 붙임딱지가 육지 붙임딱지보다 더 많습니다.

• 육지 칸과 바다 칸에 붙인 붙임딱지의 개수를 더하면 전체 칸의 개수가 되는지 확인합니다.

정리 지구 표면에서 육지와 바다 중 어디가 더 넓을까요?

➡ 바다가 육지보다 더 넓습니다.

1 지구 표면의 모습

① 지구 표면은 육지와 바다로 이루어져 있습니다.

② 지구 표면에서는 다양한 모습을 볼 수 있습니다.

③ 육지에서 볼 수 있는 모습: 산, 들, 강, 호수, 사막, ✔빙하 등을 볼 수 있습니다.

✔ **빙하** 오랫동안 쌓인 눈이 단단하게 굳어져 생긴 얼음덩어리

→ 봉우리와 계곡이 보이고, 눈이 쌓인 곳도 있다.

산

주변보다 높이 솟아 있습니다.

들

땅이 편평하게 펼쳐져 있습니다.

강

땅을 가로질러 물이 흐릅니다.

호수

물이 고여 있습니다.

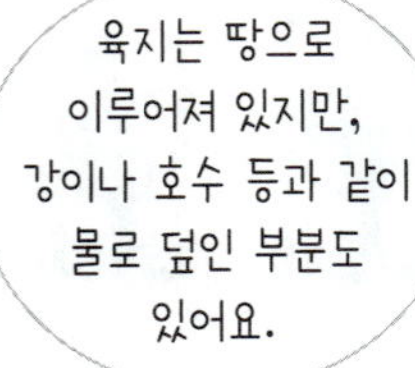

사막

모래가 많고, 모래 언덕이 있으며 메말랐습니다.

빙하

커다란 얼음덩어리가 있습니다.

④ 바다에서 볼 수 있는 모습

- 물로 덮여 있는 모습을 볼 수 있습니다.
- ✔파도를 볼 수 있습니다.

✔ **파도** 바다에서 일어나는 큰 물결

⑤ 우리나라에서 볼 수 없는 모습: 사막, 빙하 등은 우리나라에서 볼 수 없습니다.

2 지구의 육지와 바다 면적 비교

① 지구 모형으로 육지와 바다 면적 비교하기

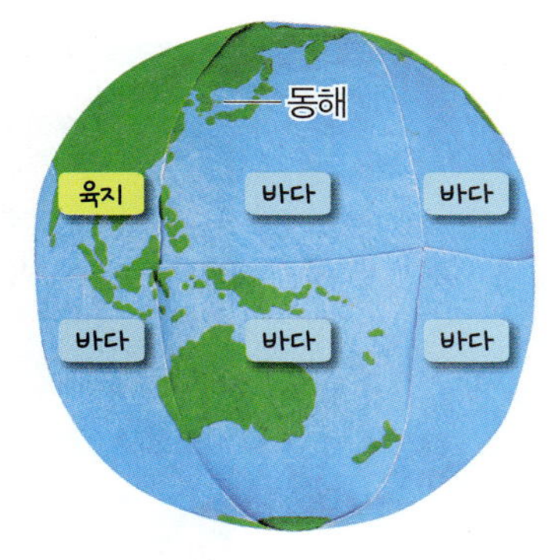

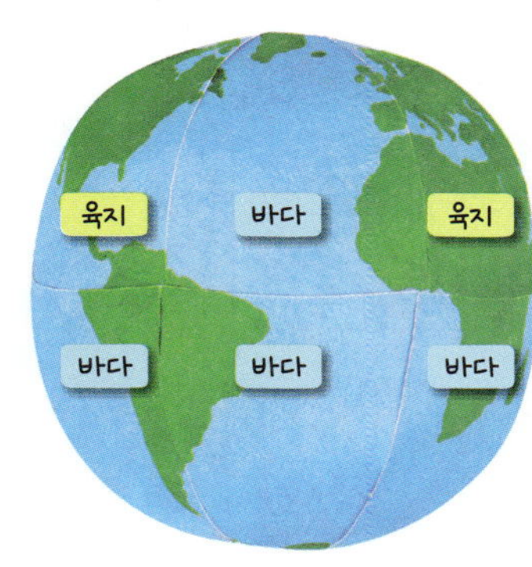

육지 붙임딱지 수	바다 붙임딱지 수
3개	9개

→ 지구 모형에 붙인 바다 붙임딱지가 육지 붙임딱지보다 더 많으므로, 바다가 육지보다 더 넓습니다.

② 지구의 육지와 바다 면적 비교하기

- 지구 표면에서 바다가 육지보다 더 넓습니다.
- 지구 표면의 많은 부분을 바다가 차지하고 있습니다.
- 우주에서 지구를 찍은 사진을 보면 바다가 육지보다 더 넓다는 것을 알 수 있습니다.

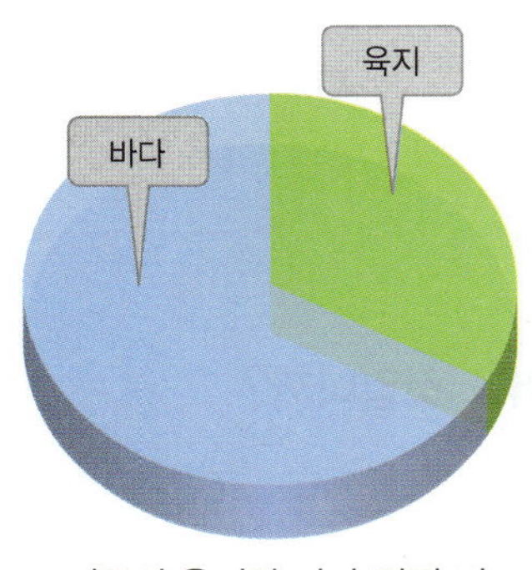

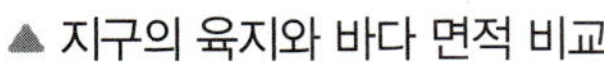

▲ 지구의 육지와 바다 면적 비교

▲ 우주에서 본 지구

핵심 개념 확인하기

┃ 정답과 해설 • 6쪽

✔ **지구 표면의 모습**: 지구 표면은 육지와 ❶ [　] 로 이루어져 있고, 다양한 모습을 볼 수 있습니다.

육지에서 볼 수 있는 모습	높이 솟은 산, 편평한 ❷ [　], 물이 흐르는 강, 물이 고여 있는 호수, 메마른 사막, 얼음덩어리인 빙하 등을 볼 수 있습니다.
바다에서 볼 수 있는 모습	❸ [　] 로 덮여 있고, 파도를 볼 수 있습니다.

✔ **지구의 육지와 바다 면적 비교**: 지구 표면에서 바다가 육지보다 더 넓고, 지구 표면의 많은 부분을 ❹ [　] 가 차지하고 있습니다.

● 지구 표면의 모습

1 다음에서 설명하는 지구 표면의 모습을 선으로 연결해 봅시다.

(1) 주변보다 높이 솟아 있다. •

(2) 땅을 가로질러 물이 흐른다. •

(3) 모래가 많고, 모래 언덕이 있다. •

• ㉠

• ㉡

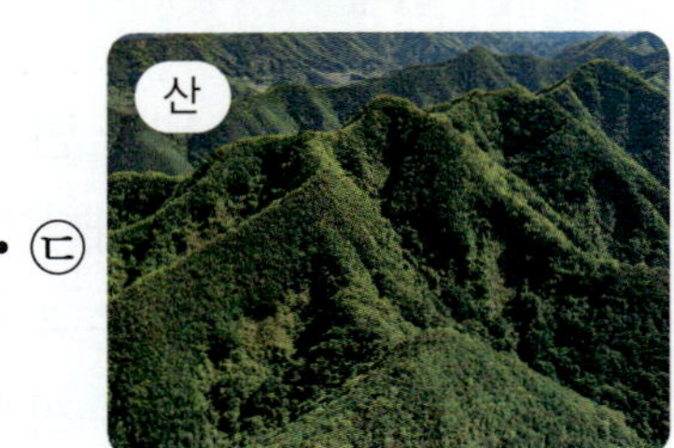

• ㉢

2 육지에서 볼 수 <u>없는</u> 지구 표면의 모습은 어느 것입니까? ( )

① 들 ② 강 ③ 호수
④ 바다 ⑤ 빙하

3 지구 표면의 모습에 대한 설명으로 옳지 <u>않은</u> 것을 보기 에서 골라 기호를 써 봅시다.

> **보기**
> ㉠ 우리나라에서는 빙하를 쉽게 볼 수 있다.
> ㉡ 지구 표면은 육지와 바다로 이루어져 있다.
> ㉢ 지구 표면에서는 다양한 모습을 볼 수 있다.

( )

[4~5] 다음 지구 모형의 각 칸을 육지와 바다로 구분하려고 합니다.

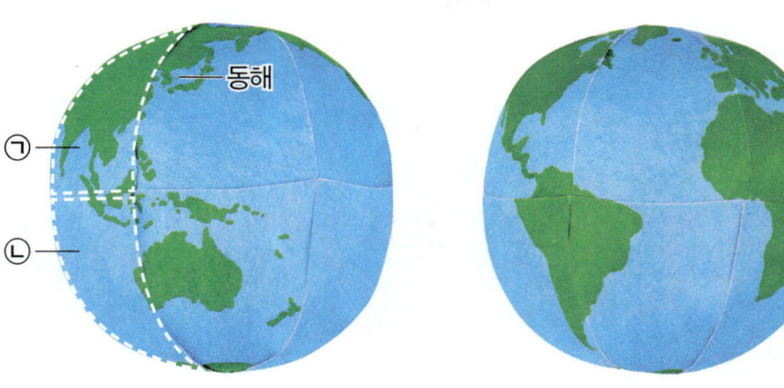

❯ 지구의 육지와
 바다 면적 비교

4 위 ㉠과 ㉡은 육지 칸과 바다 칸 중 어느 것에 해당하는지 각각 써 봅시다.

㉠: (   ) 칸   ㉡: (   ) 칸

5 위 활동에서 육지 칸과 바다 칸의 개수를 세어 비교할 때, 육지 칸과 바다 칸 중 더 많은 것은 무엇인지 써 봅시다.

(   ) 칸

6 다음 (   ) 안의 알맞은 말에 ○표 해 봅시다.

㉠ (육지, 바다)가 ㉡ (육지, 바다)보다 더 넓다.

● 두더지가 들고 있는 카드와 관계있는 망치로만 두더지를 잡을 수 있습니다. 두더지와 두더지를 잡을 수 있는 망치를 선으로 연결해 봅시다.

09

육지의 물과 바닷물

만화로 생각 열기

활동 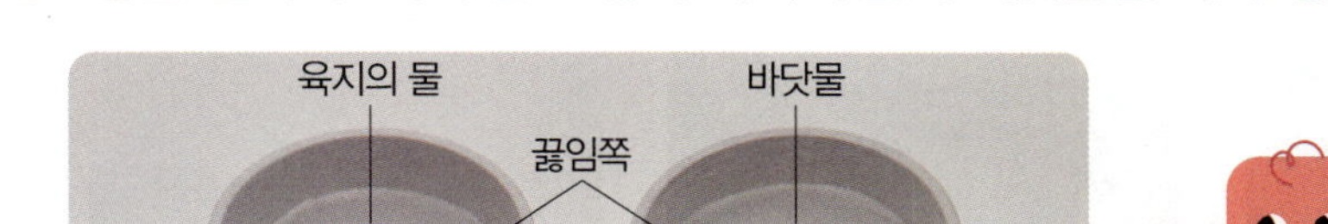

과정 및 결과

✔ **증발** 어떤 물질이 액체 상태에서 기체 상태로 변하는 현상

1 └• 증발 접시 대신 알루미늄 용기나 비커를 사용할 수도 있습니다.
증발 접시 두 개에 같은 양의 육지의 물과 바닷물을 각각 넣고 끓임쪽을 넣습니다.

└• 육지의 물과 바닷물을 관찰하면 둘 다 색깔이 없고 투명합니다.

2 전기 가열 장치에 육지의 물과 바닷물을 넣은 증발 접시를 올리고, 증발 접시 안에 있는 물이 없어질 때까지 가열합니다.

3 전기 가열 장치를 끈 뒤, 증발 접시 안에 남아 있는 물질을 관찰하고 비교해 봅시다.

육지의 물	바닷물
 아무것도 남지 않았습니다.	 흰색 가루가 남았습니다.

✔ **추측** 미루어 생각하여 헤아리는 것

4 증발 접시에 남아 있는 물질은 무엇일지 ˅추측해 봅시다.

➡ 바닷물을 넣은 증발 접시에 남아 있는 물질은 소금일 것입니다. 바닷물은 짠맛이 나기 때문입니다.

정리 **육지의 물과 비교해 바닷물은 어떤 특징이 있을까요?**

➡ 가열했을 때 바닷물은 육지의 물과 달리 흰색 가루(소금)가 남고, 이 물질 때문에 바닷물은 짠맛이 납니다.

1 지구의 물

지구의 물은 육지의 물과 바닷물로 구분합니다.

육지의 물

- 강, 호수, ⌄지하수, 빙하 등이 있습니다.
- 몸을 씻거나 물을 마실 때에는 주로 육지의 물을 이용합니다.

✔ **지하수** 땅속의 흙이나 암석 따위의 빈틈을 채우고 있는 물

바닷물

- 지구의 물은 대부분 바다에 있습니다.
- 바닷물은 육지의 물보다 훨씬 양이 많습니다.

2 육지의 물과 바닷물을 가열하여 남는 물질 비교

육지의 물	바닷물
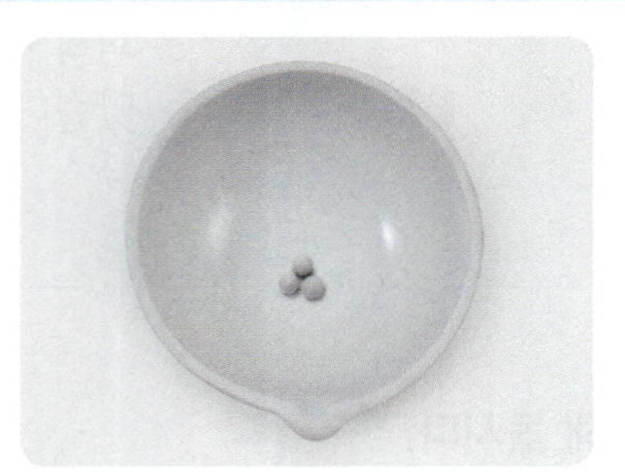	
아무것도 남지 않습니다.	흰색 가루가 남고, 가루를 만져 보면 거칠거칠합니다.

- 증발 접시에 남아 있는 물질은 바닷물에 녹아 있던 물질일 것입니다.
- 바닷물은 짠맛이 나므로 증발 접시에 남아 있는 물질은 짠맛이 날 것입니다.

↓

흰색이고 거칠거칠하며 짠맛이 나는 물질은 소금입니다.

3 바닷물의 특징

① 육지의 물과 비교한 바닷물의 특징

- 육지의 물은 짠맛이 나지 않지만, 바닷물은 짠맛이 납니다.
- 바닷물은 육지의 물과 달리 짠맛이 나는 소금 등의 여러 가지 물질이 많이 녹아 있어 사람이 마시기에 적당하지 않습니다.
- 바닷물을 이용해 소금을 얻을 수 있습니다. → 바닷물을 모아 햇빛에 말리거나 바닷물을 끓여 소금을 얻을 수 있습니다.

▲ 짠맛이 나지 않습니다.
▲ 마실 수 있습니다.

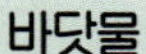
▲ 짠맛이 납니다.
▲ 염전에서 소금을 얻습니다.

✔ **염전** 소금을 만들기 위해 바닷물을 끌어 들여 논처럼 만든 곳

② 바다에서 물놀이를 한 뒤 씻지 않았을 때 몸에 흰색 가루가 생기는 까닭: 몸에 생긴 흰색 가루는 소금이고, 바닷물에 소금이 많이 녹아 있기 때문입니다.

핵심 개념 확인하기

| 정답과 해설 • 7쪽

✔ **지구의 물**

- ❶ [   ][   ]의 물에는 강, 호수, 지하수, 빙하 등이 있습니다.
- 지구의 물은 대부분 ❷ [   ][   ]에 있습니다.

✔ **육지의 물과 바닷물을 가열하여 남는 물질 비교**

❸ [ ][ ]의 물	❹ [ ][ ][ ]
아무것도 남지 않습니다.	흰색 가루가 남습니다.

✔ **바닷물의 특징**: 바닷물은 육지의 물과 달리 ❺ [   ]맛이 나는 소금 등의 여러 가지 물질이 많이 녹아 있습니다.

● 지구의 물

1 다음 ( ) 안의 알맞은 말에 ○표 해 봅시다.

- 지구의 물은 대부분 ㉠ (육지, 바다)에 있다.
- ㉡ (육지의 물, 바닷물)에는 강, 호수, 빙하, 지하수 등이 있다.

● 육지의 물과
바닷물을
가열하여
남는 물질 비교

2 다음은 육지의 물과 바닷물을 증발 접시에 각각 넣고 가열하는 모습입니다. 증발 접시 안에 있는 물이 없어질 때까지 가열했을 때의 결과를 선으로 연결해 봅시다.

(1) 육지의 물 ·

(2) 바닷물 ·

· ㉠ 흰색 가루가 남았다.

· ㉡ 아무것도 남지 않았다.

● 바닷물의 특징

3 바닷물의 특징으로 옳은 것을 보기 에서 골라 기호를 써 봅시다.

보기
㉠ 짠맛이 나지 않는다.
㉡ 사람이 마시기에 적당하다.
㉢ 여러 가지 물질이 녹아 있다.

( )

4 소금을 얻는 데 이용할 수 있는 물을 골라 기호를 써 봅시다.

㉠

▲ 바닷물

㉡

▲ 육지의 물

(   )

5 바다에서 물놀이를 한 뒤 씻지 않았을 때 몸에 흰색 가루가 생기는 까닭으로 옳은 것은 어느 것입니까?　　　　　　(　　)

① 바닷물이 파랗기 때문이다.
② 바다에 모래가 많기 때문이다.
③ 바닷물이 짜지 않기 때문이다.
④ 바닷물에 생물이 많이 살기 때문이다.
⑤ 바닷물에 소금이 많이 녹아 있기 때문이다.

퀴즈로 마무리하기

● 다음 빈칸에 알맞은 낱말 카드에 적힌 숫자를 순서대로 누르면 보물 상자의 비밀번호를 알 수 있습니다. 비밀번호를 써 봅시다.

지구에 있는 물의 대부분을 차지하는 [？]에는 [？]이 나는 [？] 등의 여러 가지 물질이 많이 녹아 있어서 사람이 마시기에 적당하지 않습니다.

2. 지구와 바다

10 일차

바닷가에서 볼 수 있는 지형

만화로 생각 열기

활동 | 바닷가에서 볼 수 있는 다양한 지형 조사하기

과정 및 결과

✔ **지형** 땅의 생김새

✔ **가상 현실(VR)** 컴퓨터로 만들어 놓은 가상의 세계에서 실제와 같은 체험을 할 수 있도록 하는 기술

1 스마트 기기로 바닷가 ⌄지형을 볼 수 있는 ⌄가상 현실(VR) 자료를 찾아봅시다.

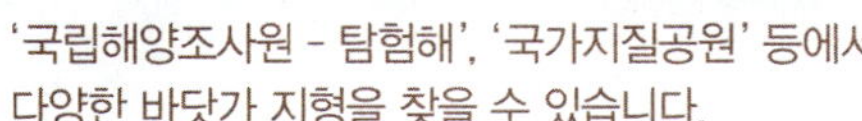

'국립해양조사원 – 탐험해', '국가지질공원' 등에서 다양한 바닷가 지형을 찾을 수 있습니다.

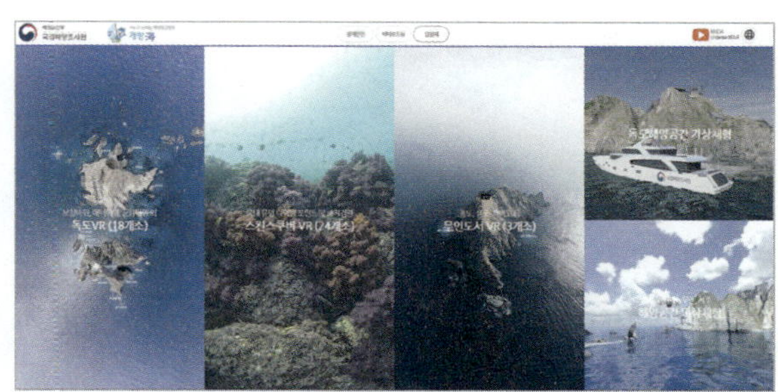
▲ 국립해양조사원의 탐험해 가상 현실(VR)

2 가상 현실(VR) 자료를 통해 바닷가에서 볼 수 있는 다양한 지형을 관찰해 봅시다.
다양한 바닷가 지형 카드를 관찰하는 방법도 있습니다.

→ 절벽과 동굴을 볼 수 있습니다.

→ 모래가 넓게 펼쳐진 모래사장을 볼 수 있습니다.

→ 모래와 고운 진흙이 쌓인 갯벌을 볼 수 있습니다.

3 관찰한 바닷가 지형 중 소개하고 싶은 지형을 골라 조사하고, 온라인 학급 게시판에 공유해 봅시다.

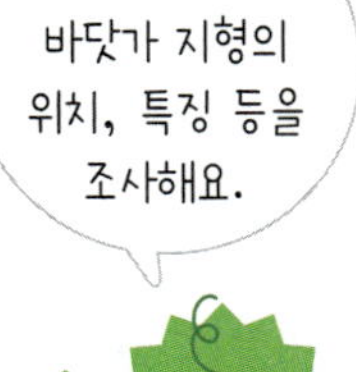

지형 이름	독립문 바위
위치	경상북도 울릉군 독도
특징	바위에 구멍이 나 있습니다.

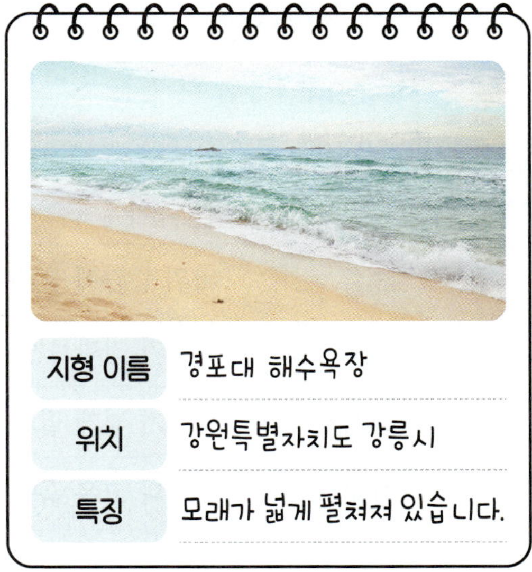

지형 이름	경포대 해수욕장
위치	강원특별자치도 강릉시
특징	모래가 넓게 펼쳐져 있습니다.

정리 ● **바닷가에서는 어떤 지형을 볼 수 있을까요?**

→ 바닷가에서는 가파른 절벽, 동굴, 구멍 뚫린 바위, 모래사장, 갯벌 등 다양한 지형을 볼 수 있습니다.

1 바닷가 지형

① 바닷가: 바다와 육지가 만나는 곳입니다.

② 바닷가에서는 구멍 뚫린 바위, 동굴, 가파른 절벽, 모래사장, 갯벌 등을 볼 수 있습니다.

바닷가 지형	특징
구멍 뚫린 바위	큰 바위에 구멍이 나 있습니다.
동굴	바위 중간에 움푹 들어간 곳이 있습니다.
▼절벽	바위가 가파르게 깎여 있습니다.
모래사장	모래가 넓게 펼쳐져 있습니다.
갯벌	모래나 고운 흙이 넓게 펼쳐져 있습니다.

✔ **절벽** 바위가 깎아 세운 것처럼 아주 높이 솟아 있는 험한 낭떠러지

2 바닷가 지형의 특징

① 바닷가에서는 다양한 지형을 볼 수 있습니다.

② 바닷가 지형은 대부분 파도가 치면서 만들어졌습니다.

③ 바닷가 지형은 오랜 시간에 걸쳐 만들어집니다.

핵심 개념 확인하기

정답과 해설 • 7쪽

✔ 바닷가 지형

- **바닷가**: 바다와 ❶ [ ][ ] 가 만나는 곳입니다.
- **바닷가에서 볼 수 있는 다양한 지형**

구멍 뚫린 바위	동굴	❷ [ ][ ]	모래사장	갯벌
큰 바위에 구멍이 나 있습니다.	바위 중간에 움푹 들어간 곳이 있습니다.	바위가 가파르게 깎여 있습니다.	❸ [ ][ ] 가 넓게 펼쳐져 있습니다.	모래나 고운 흙이 넓게 펼쳐져 있습니다.

✔ 바닷가 지형의 특징

- 바닷가에서는 파도가 치면서 만들어진 다양한 지형을 볼 수 있습니다.
- 바닷가 지형은 ❹ [ ][ ] 시간에 걸쳐 만들어집니다.

1 다음 ( ) 안에 알맞은 말을 써 봅시다.

> ( )은/는 바다와 육지가 만나는 곳이다.

( )

[2~3] 다음은 여러 가지 지형의 모습입니다.

2 바닷가에서 볼 수 <u>없는</u> 지형을 골라 기호를 써 봅시다.

( )

3 바닷가에서 볼 수 있으며 모래가 넓게 펼쳐져 있는 지형을 골라 기호를 써 봅시다.

( )

4 오른쪽 지형에 대한 설명으로 옳은 것은 어느 것입니까? (   )

① 갯벌이다.
② 바닷가에서 볼 수 없다.
③ 모래가 넓게 펼쳐져 있다.
④ 큰 바위에 구멍이 나 있다.
⑤ 바위가 넓고 편평하게 펼쳐져 있다.

❯ 바닷가 지형의 특징

5 바닷가 지형에 대해 옳지 <u>않게</u> 말한 사람의 이름을 써 봅시다.

> • 주원: 바닷가 지형은 짧은 시간에 만들어졌어.
> • 윤혜: 바닷가에서는 다양한 지형을 볼 수 있어.
> • 민석: 바닷가 지형은 주로 파도에 의해 만들어졌어.

(   )

퀴즈로 마무리하기

● 바닷가에서 볼 수 있는 지형이 적혀 있는 풍선에 매달린 자음자와 모음자를 이용하여 낱말을 만들 수 있습니다. 만들 수 있는 낱말을 써 봅시다.

11 일차

밀물과 썰물

만화로 **생각 열기**

내 교과서

활동 1 | 바닷물의 높이 변화 관찰하기

과정 및 결과

➕ 또 다른 방법!

📖 지학사

밀물일 때와 썰물일 때의 모습 카드를 관찰하고 비교해 바닷물의 높이가 높아졌을 때와 낮아졌을 때의 차이점을 알아보는 방법도 있습니다.

1 스마트 기기로 바닷물의 높이가 달라지는 모습을 관찰할 수 있는 동영상을 찾아봅시다.

2 동영상을 보고, 바닷가에서 바닷물의 높이가 높아졌을 때와 낮아졌을 때의 모습을 관찰해 봅시다.

바닷물의 높이가 높아졌을 때	바닷물의 높이가 낮아졌을 때

- 바닷물이 육지 쪽으로 들어왔습니다.
- 바닷물의 높이가 높아졌습니다.

- 바닷물이 바다 쪽으로 빠져나갔습니다.
- 바닷물의 높이가 낮아졌습니다.

3 바닷물의 높이는 어떻게 달라지는지 이야기해 봅시다.

➡ 바닷물이 육지 쪽으로 들어올 때는 바닷물의 높이가 높아지고, 땅이 바닷물에 잠기기도 합니다.

➡ 바닷물이 바다 쪽으로 빠져나갈 때는 바닷물의 높이가 낮아지고, 바닷물에 잠겼던 땅이 드러납니다.

정리 ● **하루 동안 바닷물의 높이는 어떻게 달라질까요?**

➡ 바닷가에서는 하루에 두 번 정도 바닷물의 높이가 높아졌다가 낮아지면서 바닷물의 높이가 반복적으로 변합니다.

 내 교과서   천재(이)

활동 2   모형실험으로 바닷물의 높이 변화 알아보기

과정 및 결과

실험 동영상

➕ **또 다른 방법!**

📖 동아

밀물과 썰물 모형을 만들어 바닷물의 높이 변화를 관찰할 수도 있습니다.

▲ 밀물일 때 바닷물의 높이가 높아진 모습

▲ 썰물일 때 바닷물의 높이가 낮아진 모습

📖 천재(정)

바닷물의 높이 변화 카드로 사진 책을 만들어 빠르게 넘기면서 바닷물의 높이 변화를 관찰하는 방법도 있습니다.

✔ **유토** 찰흙에다 기름을 섞어 조각으로 빚기에 좋도록 만든 흙

1 유토로 만든 섬이 있는 수조와 빈 수조에 같은 높이로 물을 넣은 다음, 두 수조를 바구니 위에 각각 올려둡니다.

▲ 한 개의 수조 안에 유토로 섬 만들기

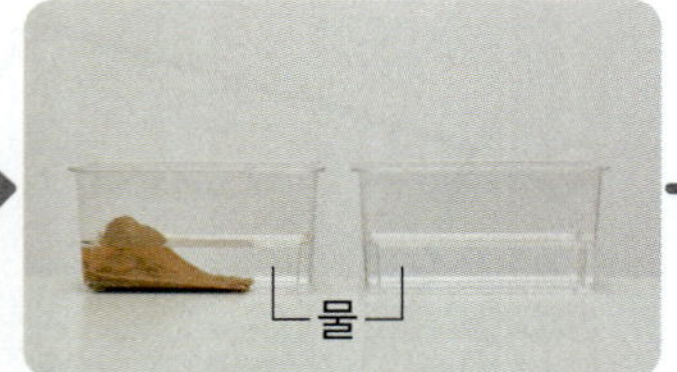

▲ 섬이 있는 수조와 빈 수조에 같은 높이로 물 넣기

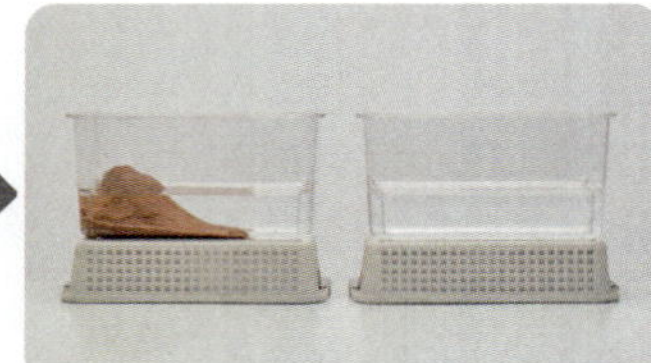
▲ 두 수조를 바구니 위에 각각 올려두기

2 물만 있는 수조에 비닐관을 넣어 물을 가득 채우고, 비닐관의 한쪽 끝을 섬이 있는 수조의 물속에 넣습니다.

3 물만 있는 수조의 높이를 달리하면서 섬이 있는 수조의 물 높이가 어떻게 변하는지 관찰해 봅시다. → 모형실험에서 섬이 물에 잠기고 드러나는 모습을 관찰하여 실제 밀물과 썰물 동영상과 비교합니다.

물만 있는 수조의 높이를 낮게 했을 때	물만 있는 수조의 높이를 높게 했을 때
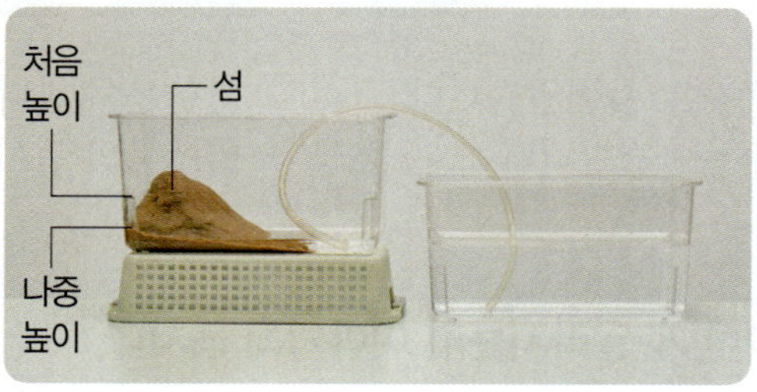	
• 섬이 있는 수조의 물 높이가 낮아졌습니다.	• 섬이 있는 수조의 물 높이가 높아졌습니다.
• 바닷물의 높이가 낮아질 때의 모습과 같습니다. └ 썰물일 때	• 바닷물의 높이가 높아질 때의 모습과 같습니다. └ 밀물일 때

정리 ● 바닷물의 높이 변화 동영상에서 관찰한 것과 모형실험을 비교해 볼까요?

➡ 공통점: 물의 높이가 변합니다.

➡ 차이점: 영상에서는 모형실험에서보다 바닷물의 높이 변화가 느리게 일어납니다.

1 밀물과 썰물

① 밀물: 바닷물이 육지 쪽으로 밀려 들어오는 것입니다.

② 썰물: 바닷물이 바다 쪽으로 빠져나가는 것입니다.

2 밀물과 썰물일 때 바닷물의 높이 변화

밀물일 때	썰물일 때

• 바닷물의 높이가 높아집니다. • 갯벌이나 해변이 바닷물에 잠깁니다.	• 바닷물의 높이가 낮아집니다. • 갯벌이나 해변이 드러납니다.

➡ 바닷가에서는 밀물과 썰물에 따라 바닷물의 높이가 높아졌다가 낮아집니다.

3 바닷물의 높이 변화로 나타나는 현상

♥바다 갈라짐으로 섬으로 가는 길이 열립니다. ➡ 썰물일 때 바닷물의 높이가 낮아지면서 바닷물에 잠겨 있던 땅이 드러나기 때문입니다.

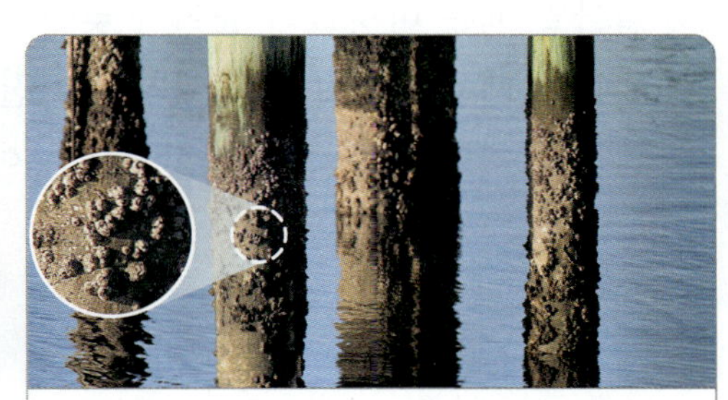

바닷가에 세워 둔 기둥에 바다에 사는 따개비가 붙어 있습니다. ➡ 기둥이 바닷물에 잠겼다가 드러나는 곳에 있기 때문입니다.

✔ **바다 갈라짐** 바닷물의 높이가 낮아질 때 육지와 섬 또는 섬과 섬 사이에 길이 생기는 현상

└ 밀물과 썰물 시간을 알아야 바닷가에서 물놀이나 갯벌 체험 등을 안전하게 할 수 있습니다.

핵심 개념 확인하기

정답과 해설 • 8쪽

✔ **밀물과 썰물**: 밀물은 바닷물이 ❶ [　] 쪽으로 밀려 들어오는 것이고, 썰물은 바닷물이 ❷ [　] 쪽으로 빠져나가는 것입니다.

✔ **밀물과 썰물일 때 바닷물의 높이 변화**

❸ [　] 일 때	❹ [　] 일 때
바닷물의 높이가 높아집니다.	바닷물의 높이가 낮아집니다.

◑ 밀물과 썰물

1 다음 ( ) 안에 알맞은 말을 각각 써 봅시다.

> 바닷물이 육지 쪽으로 밀려 들어오는 것을 (㉠)(이)라고 하고, 바닷물이 바다 쪽으로 빠져나가는 것을 (㉡)(이)라고 한다.

㉠: (   )

㉡: (   )

◑ 밀물과 썰물일 때 바닷물의 높이 변화

2 밀물일 때와 썰물일 때 바닷물의 높이 변화에 대한 설명으로 옳은 것을 <u>두 가지</u> 골라 써 봅시다. (,   )

① 밀물일 때는 바닷물의 높이가 낮아진다.

② 밀물일 때는 바닷물의 높이가 높아진다.

③ 썰물일 때는 바닷물의 높이가 낮아진다.

④ 썰물일 때는 바닷물의 높이가 높아진다.

⑤ 밀물일 때와 썰물일 때 바닷물의 높이는 변하지 않는다.

3 밀물일 때와 썰물일 때의 모습을 선으로 연결해 봅시다.

(1) 밀물일 때   •

(2) 썰물일 때   •

• ㉠

• ㉡

● 모형실험으로
  바닷물의 높이 변화
  알아보기

4 다음은 같은 높이의 물이 든 두 수조에 물을 가득 채운 비닐관을 연결하고, 물만 있는 수조의 높이를 달리하면서 섬이 있는 수조의 물 높이 변화를 관찰한 결과입니다. 썰물일 때의 모습을 나타내는 경우를 골라 기호를 써 봅시다.

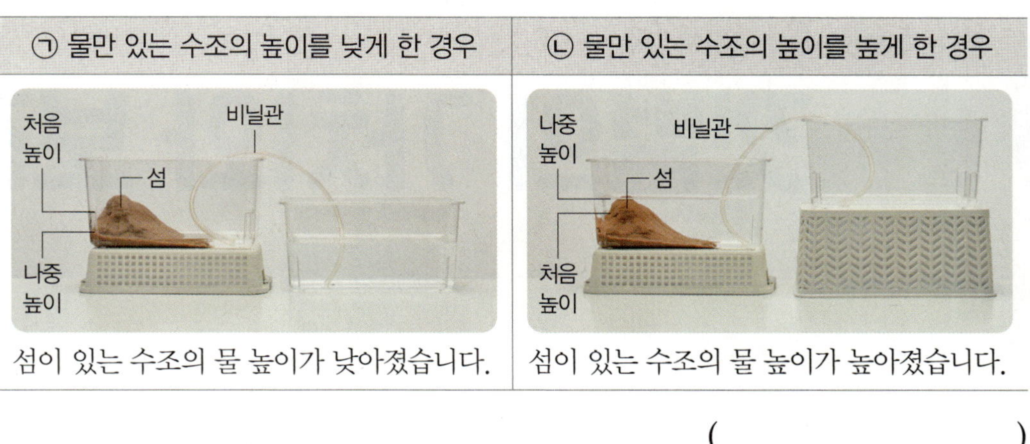

(   )

● 바닷물의
  높이 변화로
  나타나는 현상

5 다음은 바닷물의 높이 변화로 나타나는 현상에 대한 설명입니다. (   ) 안의 알맞은 말에 ○표 해 봅시다.

(밀물, 썰물)일 때 바닷물에 잠겨 있던 땅이 드러나면서 섬으로 가는 길이 열린다.

퀴즈 로 마무리하기

● 밀물일 때의 특징이 적힌 징검돌만 밟아서 징검다리를 건너려고 합니다. 밟아야 하는 징검돌을 따라 선으로 연결해 봅시다.

12 일차

갯벌의 가치와 보전

만화로 생각 열기

활동 **우리나라 갯벌의 가치 알아보기**

과정 및 결과

1 우리나라의 대표적인 갯벌의 위치를 조사해 봅시다.

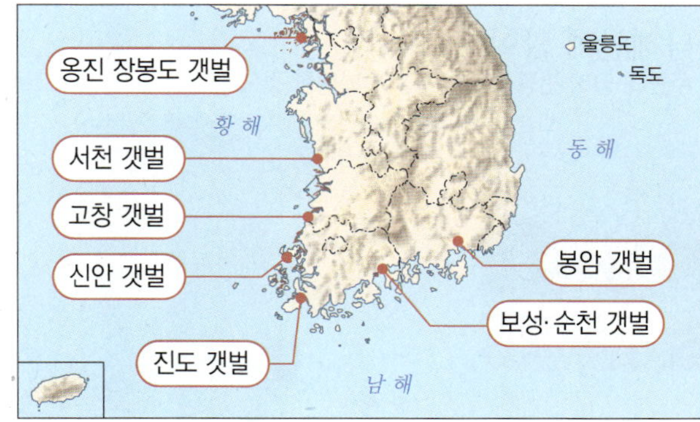

➡ 우리나라 갯벌은 주로 서해안과 남해안에 있습니다.

➡ 우리나라 갯벌은 서해안에 가장 많이 있습니다.

2 우리나라 갯벌 중 더 알아보고 싶은 갯벌을 조사해 봅시다.

갯벌 조사 보고서

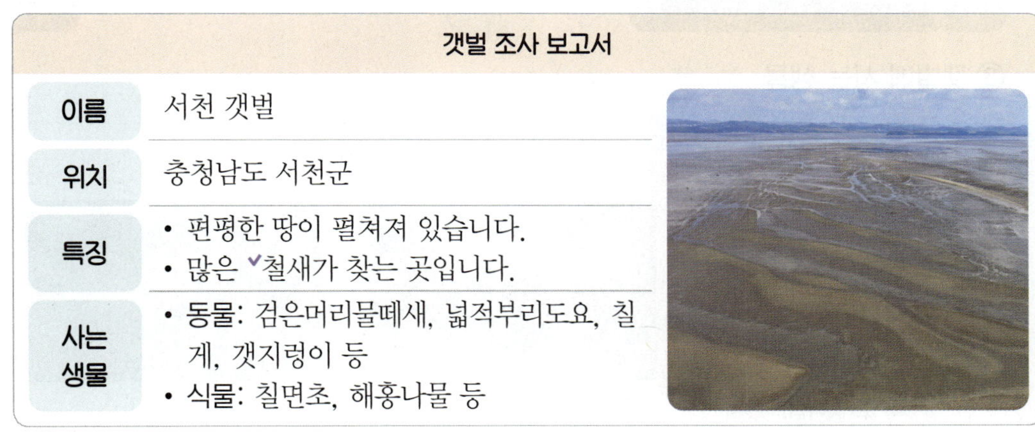

이름	서천 갯벌
위치	충청남도 서천군
특징	• 편평한 땅이 펼쳐져 있습니다. • 많은 ✔철새가 찾는 곳입니다.
사는 생물	• 동물: 검은머리물떼새, 넓적부리도요, 칠게, 갯지렁이 등 • 식물: 칠면초, 해홍나물 등

✔ **철새** 계절을 따라 이리저리 옮겨 다니며 사는 새

3 갯벌 보전의 필요성을 조사해 봅시다.

✔ **정화** 더러운 것을 깨끗하게 하는 것

➡ 갯벌은 오염 물질을 ✔정화해 줍니다.

➡ 갯벌에는 다양한 생물이 살고 있습니다.

➡ 갯벌은 사람들에게 먹을 것을 제공합니다.

➡ 갯벌은 자연재해로 생기는 피해를 줄여 주기도 합니다.

정리 **갯벌은 어떤 가치가 있을까요?**

➡ 갯벌은 다양한 생물이 살아가는 곳입니다.

➡ 갯벌은 오염 물질을 정화해 주고, 자연재해로 생기는 피해를 줄여 줍니다.

1 갯벌

→ 주로 모래나 진흙으로 되어 있습니다.

① 갯벌: 밀물일 때는 물에 잠기고 썰물일 때는 물 밖으로 드러나는 편평한 땅입니다.

② 갯벌의 위치: 우리나라 갯벌은 밀물일 때와 썰물일 때 바닷물의 높이 차이가 큰 서해안과 남해안에 많이 있습니다.

→ 바닷가 주변의 땅이 편평하고 해안선이 복잡한 것도 갯벌이 잘 발달한 조건입니다.

③ 갯벌에 사는 생물

2 갯벌의 가치와 보전의 필요성

① 갯벌의 가치

- 갯벌은 오염 물질을 정화해 줍니다. → 갯벌은 바다로 흘러 들어가는 오염 물질을 걸러 줍니다.
- 갯벌은 먹을 것을 제공하고, 갯벌에서 ˇ생태 체험을 할 수 있습니다.
- 갯벌에는 다양한 생물이 살고 있으며, 철새들이 쉬었다 가는 곳입니다.
- 갯벌은 홍수나 태풍과 같은 자연재해로 생기는 피해를 줄여 주기도 합니다.

▲ 갯벌을 찾은 철새

▲ 갯벌 생태 체험
→ 갯벌이 드러나는 썰물일 때 할 수 있습니다.

② 갯벌을 보전해야 하는 까닭

- 갯벌은 다양한 생물이 살아가는 곳입니다.
- 갯벌은 바다 환경을 깨끗하게 하고, 자연재해로 생기는 피해를 줄여 줍니다.

→ 갯벌은 생명과 환경에 이로운 영향을 주는 가치 있는 곳이므로 소중하게 여기고 잘 보전해야 합니다.

③ 갯벌을 보전하기 위해 우리가 할 수 있는 일 → 갯벌에 쓰레기를 버리지 않습니다.

- 갯벌에 사는 생물을 함부로 잡지 않습니다.
- 갯벌의 가치와 보전의 필요성을 설득하고 ˇ홍보하는 캠페인에 참여합니다.

▲ 갯벌의 가치와 보전의 필요성을 알리는 홍보물

ˇ 홍보 널리 알리는 것

핵심 개념 확인하기

| 정답과 해설 • 8쪽

✔ **갯벌:** ❶ [ ] 일 때는 물에 잠기고 ❷ [ ] 일 때는 물 밖으로 드러나는 편평한 땅입니다.

- **갯벌의 위치:** 우리나라 갯벌은 서해안과 남해안에 많이 있습니다.
- **갯벌에 사는 생물**

갯벌에 사는 ❸ [ ]	갯벌에 사는 ❹ [ ]
조개, 게, 짱뚱어, 낙지, 갯지렁이, 저어새 등	나문재, 칠면초, 퉁퉁마디, 해국, 해홍나물 등

✔ **갯벌의 가치와 보전의 필요성**

- 갯벌은 다양한 ❺ [ ] 이 살아가는 곳이고, 오염 물질을 정화해 줍니다.
- 생명과 환경에 이로운 영향을 주는 갯벌을 소중하게 여기고 보전해야 합니다.

● 갯벌

1 다음은 우리나라 갯벌에 대한 설명입니다. ( ) 안의 알맞은 말에 ○표 해 봅시다.

> 밀물일 때와 썰물일 때 바닷물의 높이 차이가 ㉠ (큰, 작은) ㉡ (동해안, 서해안)
> 과 남해안에 갯벌이 많이 있다.

2 우리나라 갯벌에서 볼 수 있는 생물이 <u>아닌</u> 것은 어느 것입니까? ( )

① 
▲ 낙지

② 
▲ 토끼

③ 
▲ 저어새

④ 
▲ 게

⑤ 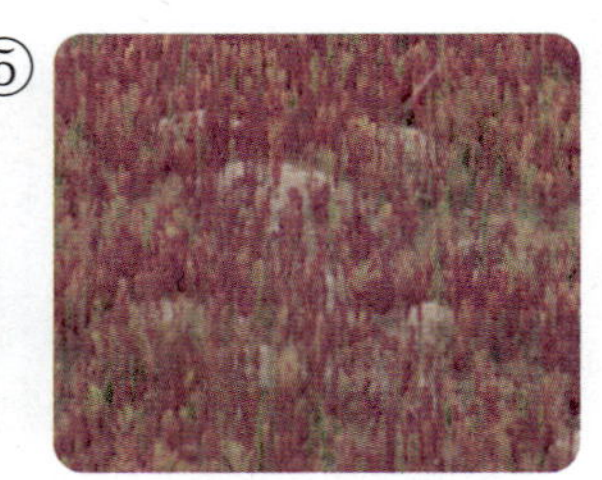
▲ 칠면초

● 갯벌의 가치와 보전의 필요성

3 갯벌의 가치에 대한 설명으로 옳지 <u>않은</u> 것은 어느 것입니까? ( )

① 갯벌은 먹을 것을 제공한다.
② 갯벌에서 생태 체험을 할 수 있다.
③ 갯벌에는 다양한 생물이 살고 있다.
④ 갯벌은 철새들이 쉬었다 가는 곳이다.
⑤ 갯벌은 홍수나 태풍이 자주 발생하게 한다.

4 다음과 같은 갯벌에 대한 설명으로 옳지 <u>않은</u> 것을 보기 에서 골라 기호를 써 봅시다.

▲ 신안 갯벌

▲ 보성·순천 갯벌

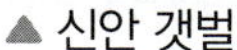

보기

ㄱ 갯벌에 식물은 살지 않는다.
ㄴ 갯벌은 오염 물질을 정화해 준다.
ㄷ 가치 있는 갯벌을 소중히 여기고 보전해야 한다.

(   )

5 갯벌을 보전하기 위해 우리가 할 수 있는 일로 옳은 것은 ○표, 옳지 <u>않은</u> 것은 ×표 해 봅시다.

(1) 갯벌에 쓰레기를 버리지 않는다. (   )

(2) 갯벌에 사는 생물을 많이 잡아서 자세히 관찰한다. (   )

(3) 갯벌의 가치와 보전의 필요성을 설득하고 홍보하는 활동에 참여한다.

(   )

퀴즈 로 마무리하기

● 다음 □ 안에 알맞은 낱말을 왼쪽 말 상자에서 찾아 ○표 해 봅시다. 말 상자의 낱말은 가로, 세로, 대각선에 숨어 있습니다.

남	호	보	상
동	해	수	갯
밀	동	굴	벌
썰	물	공	사
개	발	보	전

❶ 우리나라 갯벌은 밀물일 때와 썰물일 때 바닷물의 높이 차이가 큰 서해안과 □□ 안에 많이 있습니다.

❷ 바닷가에 있는 □□에는 짱뚱어, 낙지, 굴, 조개, 나문재, 퉁퉁마디 등이 살고 있습니다.

❸ 갯벌에서 생태 체험을 하려면 갯벌이 드러나는 □□일 때 바닷가에 가야 합니다.

❹ 생명과 환경에게 이로운 갯벌을 소중히 여기고 □□해야 합니다.

생각 그물로 정리하기

● 다음 빈칸에 들어갈 내용을 써서 생각 그물을 완성해 보세요.

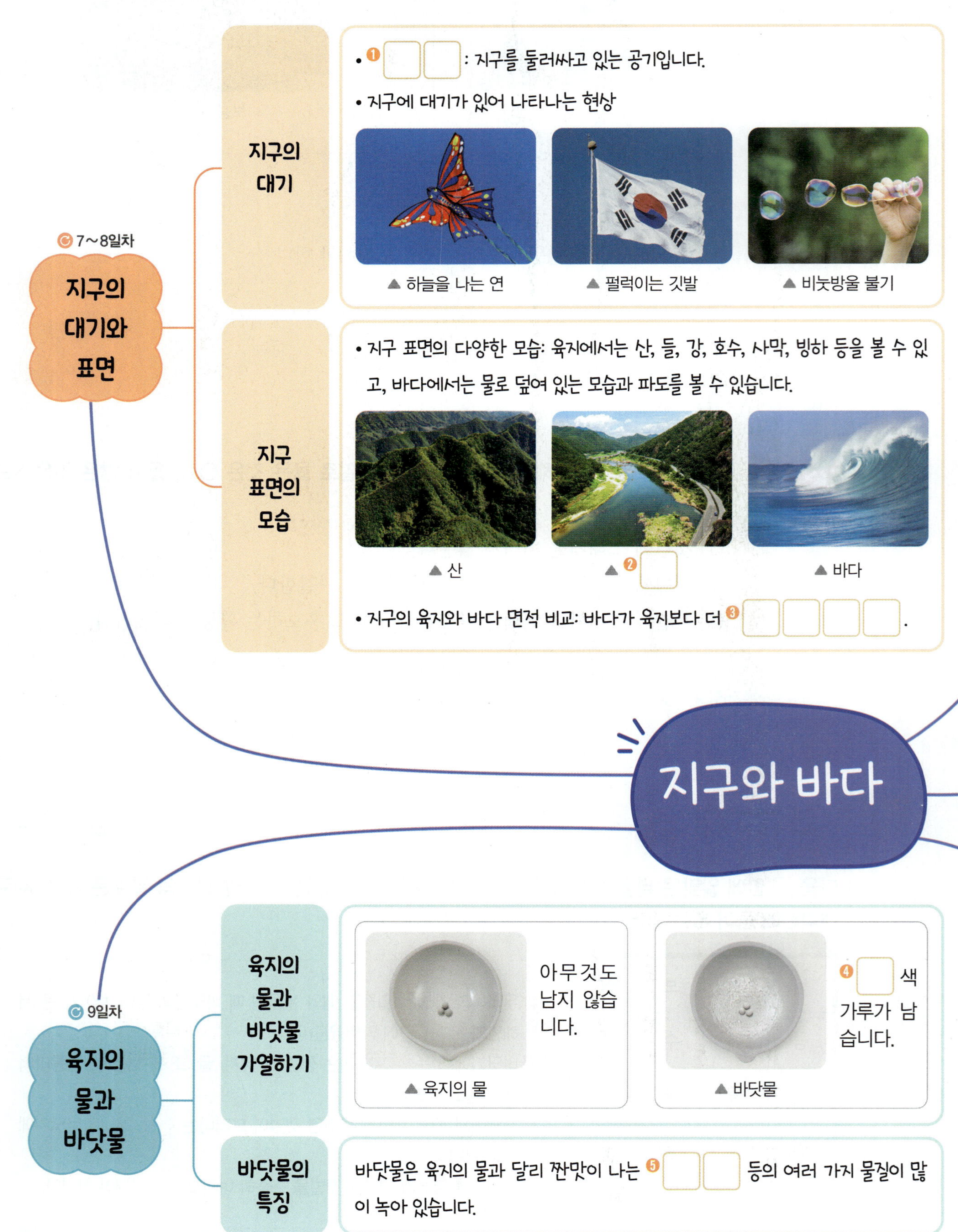

13
일차

바닷가에서는 절벽, 동굴, 구멍 뚫린 바위, 모래사장, 갯벌 등 다양한 지형을 볼 수 있습니다.

⟳ 10일차

바닷가 지형

⟳ 11일차

밀물과 썰물

밀물

- 바닷물이 육지 쪽으로 밀려 들어오는 것입니다.
- 바닷물의 높이가 ❼ ☐☐ 집니다.
- 갯벌이나 해변이 바닷물에 잠깁니다.

썰물

- 바닷물이 바다 쪽으로 빠져나가는 것입니다.
- 바닷물의 높이가 ❽ ☐☐ 집니다.
- 갯벌이나 해변이 드러납니다.

⟳ 12일차

갯벌

갯벌의 특징

- ❾ ☐☐ : 밀물일 때는 물에 잠기고 썰물일 때는 물 밖으로 드러나는 편평한 땅입니다.
- 갯벌의 위치: 우리나라 갯벌은 서해안과 남해안에 많이 있습니다.
- 갯벌에 사는 생물

▲ 게 　　　　▲ 저어새　　　　▲ 칠면초

갯벌의 가치

- 갯벌은 다양한 생물이 살아가는 곳입니다.
- 갯벌은 오염 물질을 정화해 주고, 자연재해로 생기는 피해를 ❿ ☐☐ 줍니다.

1 대기에 대한 설명으로 옳지 <u>않은</u> 것은 어느 것입니까?　　　（　　　）

① 눈에 보인다.
② 우리 주변에 있다.
③ 손으로 만질 수 없다.
④ 지구를 둘러싸고 있다.
⑤ 부채를 부치면 대기를 느낄 수 있다.

✦중요✦
2 대기가 있어서 나타나는 현상이 <u>아닌</u> 것은 어느 것입니까?　　　（　　　）

① 풍력 발전을 할 수 있다.
② 돛단배가 움직일 수 있다.
③ 밤하늘에 별이 뜨고 진다.
④ 자전거 바퀴에 공기를 넣을 수 있다.
⑤ 바람에 깃발이나 나뭇잎이 흔들린다.

3 다음은 지구에 무엇이 없을 때 일어날 수 있는 일을 예상한 것인지 써 봅시다.

> • 연을 날릴 수 없을 것이다.
> • 비나 눈이 내리지 않을 것이다.
> • 생물이 숨을 쉴 수 없을 것이다.

（　　　　　）

4 지구 표면의 모습에 대한 설명으로 옳지 <u>않은</u> 것은 어느 것입니까?　　　（　　　）

① 산은 주변보다 높이 솟아 있다.
② 육지에서는 들, 사막 등을 볼 수 있다.
③ 바다에서는 강, 빙하 등을 볼 수 있다.
④ 지구 표면은 육지와 바다로 이루어져 있다.
⑤ 바다에서는 물로 덮여 있는 모습을 볼 수 있다.

5 우리나라에서 쉽게 볼 수 <u>없는</u> 지구 표면의 모습은 어느 것입니까?　　　（　　　）

① 
▲ 산

② 
▲ 들

③ 
▲ 바다

④ 
▲ 호수

⑤ 
▲ 빙하

[6~7] 다음 지구 모형의 각 칸을 육지 칸과 바다 칸으로 구분해 육지와 바다의 면적을 비교하려고 합니다. (단, 육지의 면적이 절반을 넘으면 육지 칸, 바다의 면적이 절반을 넘으면 바다 칸으로 구분합니다.)

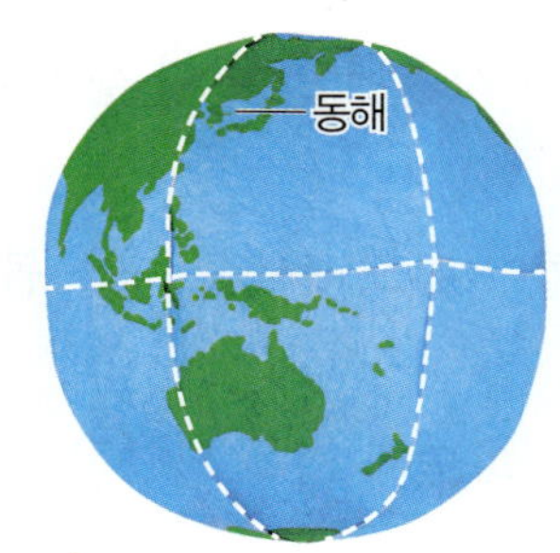

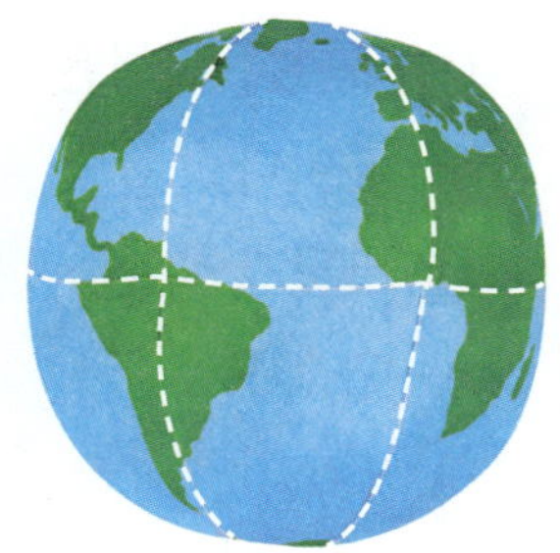

✦중요✦
6 위 지구 모형에서 육지 칸과 바다 칸의 개수를 비교한 것으로 옳은 것을 보기 에서 골라 기호를 써 봅시다.

보기
ㄱ 육지 칸이 바다 칸보다 더 많다.
ㄴ 바다 칸이 육지 칸보다 더 많다.
ㄷ 육지 칸과 바다 칸의 개수가 같다.

(   )

서술형
7 위 활동 결과를 바탕으로 육지와 바다의 면적을 비교해 써 봅시다.

____

____

---

8 지구의 물에 대해 옳게 설명한 사람의 이름을 써 봅시다.

- 은수: 육지에는 물이 없어.
- 가연: 빙하는 바닷물에 속해.
- 도윤: 지구의 물은 대부분 바닷물이야.

(   )

13
일차

[9~10] 다음은 같은 양의 육지의 물과 바닷물을 증발 접시에 각각 넣고 물이 없어질 때까지 가열하는 모습입니다.

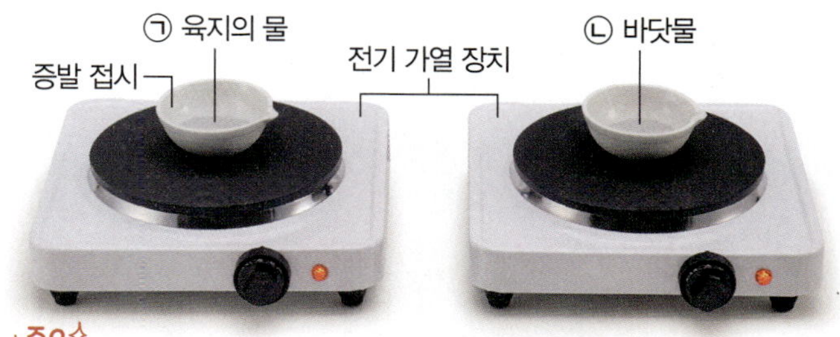

✦중요✦
9 위 실험 결과 증발 접시에 남아 있는 물질이 있는 물을 골라 기호를 써 봅시다.

(   )

10 위 실험 결과 증발 접시에 남아 있는 물질에 대한 설명으로 옳은 것은 어느 것입니까?

(   )

① 단맛이 난다.
② 색깔이 없다.
③ 검은색 가루이다.
④ 아무 맛도 나지 않는다.
⑤ 손으로 만져 보면 거칠거칠하다.

11 바닷물을 육지의 물과 비교했을 때 다음과 같은 특징이 나타나는 까닭을 써 봅시다.

▲ 바닷물

▲ 육지의 물

____

____

12 바닷가에서 볼 수 있는 지형을 두 가지 골라 기호를 써 봅시다.

ㄱ
▲ 절벽

ㄴ
▲ 강

ㄷ
▲ 사막

ㄹ
▲ 구멍 뚫린 바위

(   )

13 바닷가에 대한 설명으로 옳지 <u>않은</u> 것은 어느 것입니까? (   )

① 바닷가는 바다와 육지가 만나는 곳이다.

② 바닷가에서는 편평한 지형만 볼 수 있다.

③ 바닷가 지형은 오랜 시간에 걸쳐 만들어진 것이다.

④ 바닷가에서는 갯벌이나 모래사장 등을 볼 수 있다.

⑤ 바닷가에서는 주로 파도에 의해 다양한 지형이 만들어진다.

14 밀물일 때와 썰물일 때 바닷물의 높이 변화를 선으로 연결해 봅시다.

(1) 밀물일 때 •　　• ㉠ 바닷물의 높이가 높아진다.

(2) 썰물일 때 •　　• ㉡ 바닷물의 높이가 낮아진다.

15 다음은 같은 날, 같은 장소에서 촬영한 바닷가의 모습입니다. 썰물일 때의 모습을 골라 기호를 써 봅시다.

ㄱ

ㄴ

(   )

16 다음은 같은 높이의 물이 든 두 수조를 물을 가득 채운 비닐관으로 연결한 뒤, 물만 있는 수조의 높이를 높게 한 모습입니다. 이 실험에 대한 설명으로 옳은 것을 <u>두 가지</u> 골라 써 봅시다. (　　,　　)

① 밀물일 때의 모습을 나타낸다.
② 썰물일 때의 모습을 나타낸다.
③ 섬이 있는 수조의 물 높이가 낮아진다.
④ 섬이 있는 수조의 물 높이가 높아진다.
⑤ 섬이 있는 수조의 물 높이는 변하지 않는다.

17 다음 현상이 나타나는 까닭으로 옳은 것을 보기 에서 골라 기호를 써 봅시다.

▲ 바다 갈라짐으로 섬으로 가는 길이 열립니다.

▲ 바닷가에 세워 둔 기둥에 바다에 사는 따개비가 붙어 있습니다.

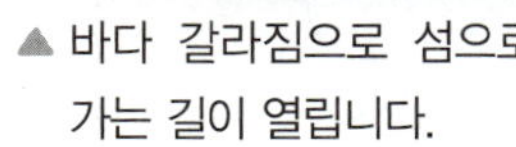

보기
ㄱ 바다에 생물이 살 수 없기 때문이다.
ㄴ 바닷물에 여러 가지 물질이 녹아 있기 때문이다.
ㄷ 바닷물의 높이가 높아졌다 낮아졌다 하기 때문이다.

(　　　　　　　　)

18 다음에서 설명하는 지형은 어느 것입니까? (　　　　)

- 밀물일 때는 물에 잠기고 썰물일 때는 물 밖으로 드러나는 편평한 땅이다.
- 주로 모래나 진흙으로 되어 있다.

① 호수　　② 갯벌　　③ 사막
④ 절벽　　⑤ 동굴

✦중요✦
19 갯벌에 대한 설명으로 옳지 <u>않은</u> 것은 어느 것입니까? (　　　　)

① 먹을 것을 제공한다.
② 오염 물질을 정화해 준다.
③ 철새들이 쉬었다 가는 곳이다.
④ 우리나라 갯벌은 동해안에 많이 있다.
⑤ 밀물일 때와 썰물일 때 바닷물의 높이 차이가 큰 곳에 발달한다.

서술형
20 다음은 우리나라 갯벌에 사는 동물과 식물을 조사한 것입니다. 이를 통해 알 수 있는 갯벌의 가치를 써 봅시다.

동물	조개, 게, 짱뚱어, 낙지, 저어새 등
식물	나문재, 칠면초, 퉁퉁마디 등

14 ^{일차}

소리가 나는 물체의 특징

만화로 생각 열기

활동 1 **여러 가지 물체를 이용해 소리 내기**

14 일차

과정 및 결과

1 여러 가지 물체 중 어떤 물체를 이용해 어떻게 소리를 낼지 이야기해 봅시다.

 ▲ 페트병　 ▲ 연필　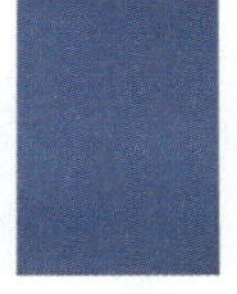 ▲ 비닐봉지　▲ 종이　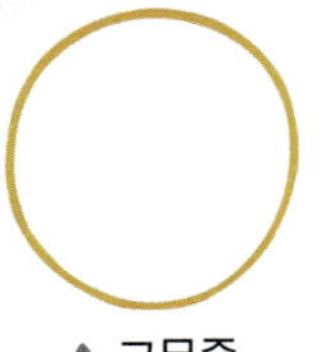 ▲ 고무줄　 ▲ 풍선

➕ 또 다른 방법!

📖 천재(이), 천재(정)

이야기 카드를 고른 다음, 여러 가지 물체를 이용 해 이야기 카드에 어울 리는 소리를 내 보는 활 동을 할 수도 있습니다.

▲ 이야기 카드 예

 페트병을 연필로 긁어서 소리를 내 겠습니다.

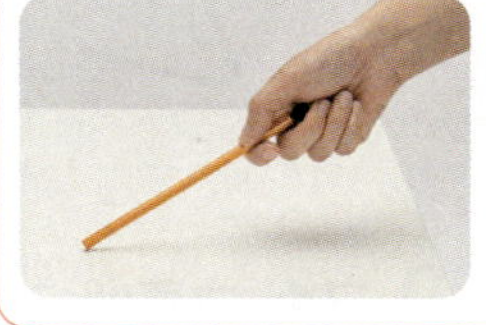 연필로 책상을 두드 려서 소리를 내겠 습니다.

 비닐봉지를 구겼다 가 펴서 소리를 내 겠습니다.

 종이를 흔들어서 소리를 내겠습니다.

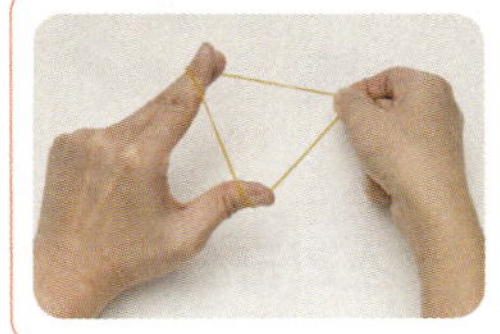 고무줄을 튕겨서 소리를 내겠습니다.

 풍선을 문질러서 소리를 내겠습니다.

2 소리를 낼 사람은 물체를 가지고 교실 뒤로 이동해 소리를 냅니다.

3 나머지 사람은 소리를 내는 모습을 보지 않고 어떤 물체로 어떻게 내는 소리인지 알아맞혀 봅시다.

➡ 필통을 흔드는 소리 같습니다.

➡ 페트병을 손바닥에 치는 소리 같습니다.

정리 **여러 가지 물체를 이용해 소리를 내는 방법은 무엇일까요?**

➡ 물체를 긁거나, 두드리거나, 구기거나, 흔들거나, 튕기거나, 문질러서 소리를 낼 수 있습니다.

활동 2 　소리가 나는 물체의 떨림 관찰하기

과정 및 결과

실험 동영상

➕ 또 다른 방법!

📖 아이스크림

목에 손을 살짝 대고 "아" 하고 소리를 낼 때 손에 어떤 느낌이 드는지 관찰하는 방법도 있습니다. 목에서 소리가 날 때 손에 떨림이 느껴집니다.

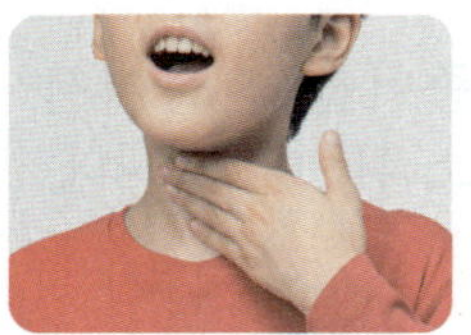

📖 천재(정)

소리가 나는 스피커에 손을 댈 때 손에 어떤 느낌이 드는지 관찰하는 방법도 있습니다. 소리가 나는 스피커에 손을 대면 손에 떨림이 느껴집니다.

✔ **소리굽쇠** 두 갈래로 된 좁은 쇠막대
✔ **사방** 여러 곳

1 소리가 나지 않는 트라이앵글에 손을 살짝 댈 때와 소리가 나는 트라이앵글에 손을 살짝 댈 때 손에 드는 느낌을 비교해 봅시다.

소리가 나지 않는 트라이앵글에 손을 댈 때	소리가 나는 트라이앵글에 손을 댈 때
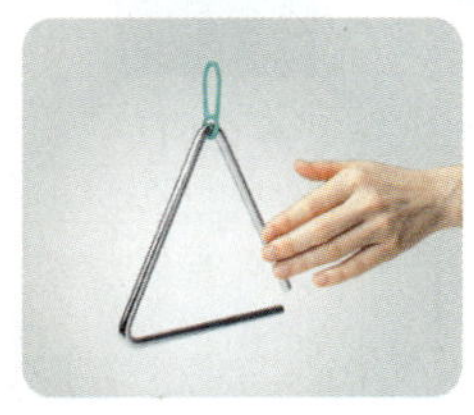 떨림이 느껴지지 않습니다.	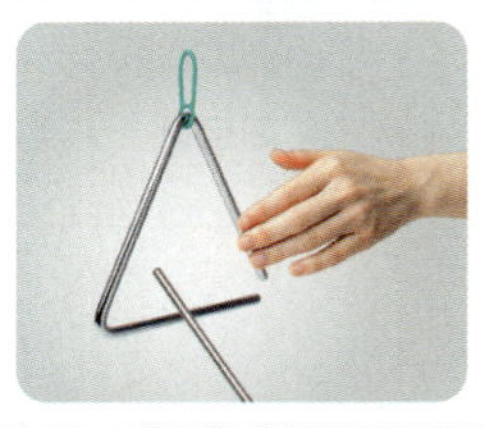 떨림이 느껴집니다.

2 금속 그릇에 고정된 고무줄에서 소리가 나지 않을 때와 고무줄에서 소리가 날 때 고무줄의 모습을 관찰하여 비교해 봅시다.
┗ 손가락으로 고무줄을 퉁겨서 소리를 냅니다.

고무줄에서 소리가 나지 않을 때	고무줄에서 소리가 날 때
 고무줄이 떨리지 않습니다.	 고무줄이 위아래로 떨립니다.

3 ┏ 고무망치로 소리굽쇠를 가볍게 두드려 소리를 냅니다.
소리가 나지 않는 ⌄소리굽쇠와 소리가 나는 소리굽쇠에 각각 손을 살짝 댈 때 손에 드는 느낌과 소리굽쇠를 각각 물에 댈 때 나타나는 현상을 관찰하여 비교해 봅시다.

소리가 나지 않는 소리굽쇠에 손을 댈 때	소리가 나는 소리굽쇠에 손을 댈 때
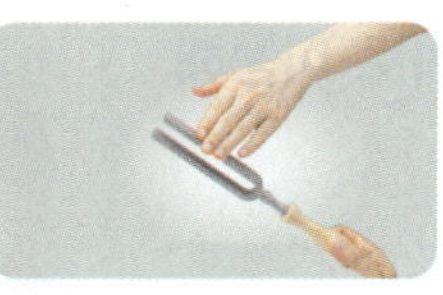 떨림이 느껴지지 않습니다.	 떨림이 느껴집니다.
소리가 나지 않는 소리굽쇠를 물에 댈 때	소리가 나는 소리굽쇠를 물에 댈 때
 물이 튀지 않습니다.	 물이 ⌄사방으로 튑니다.

정리 　소리가 나는 물체의 특징은 무엇일까요?
➡ 소리가 나는 물체는 떨림이 있습니다.

1 여러 가지 물체를 이용해 소리 내기

① 여러 가지 물체를 이용해 다양한 소리를 낼 수 있습니다.
② 여러 가지 물체를 이용해 소리 내는 방법: 긁기, 불기, 문지르기, 튕기기, 두드리기 등
③ 같은 물체라도 여러 가지 방법으로 다양한 소리를 낼 수 있습니다.

14 일차

페트병을 이용해 소리 내기

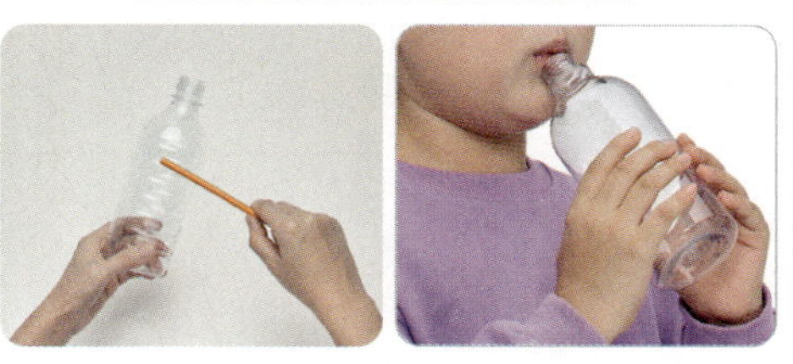

페트병을 긁거나 불어서 소리를 낼 수 있습니다.

풍선을 이용해 소리 내기

풍선을 문지르거나 두드려서 소리를 낼 수 있습니다.

2 소리가 나는 물체의 특징

① 소리가 나는 물체에 손을 댈 때 손에 드는 느낌: 손에 떨림이 느껴집니다.

소리가 나는 스피커에 손을 대면 떨림이 느껴집니다.

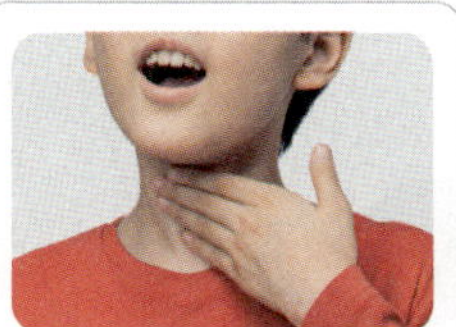

소리를 내는 목에 손을 대면 떨림이 느껴집니다.

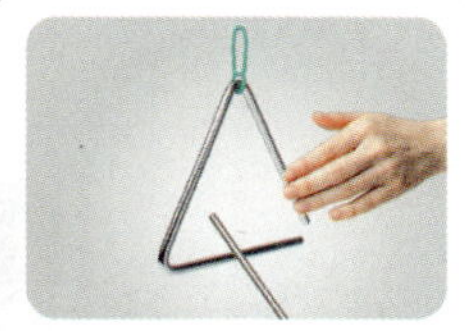

소리가 나는 트라이앵글에 손을 대면 떨림이 느껴집니다.

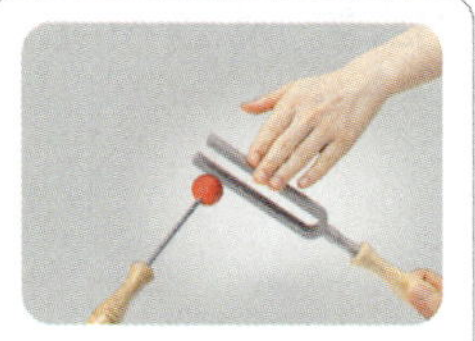

소리가 나는 소리굽쇠에 손을 대면 떨림이 느껴집니다.

② 소리가 나는 물체의 움직임: 소리가 나는 물체는 떨립니다.

고무줄을 튕기면 고무줄이 떨리면서 소리가 납니다.

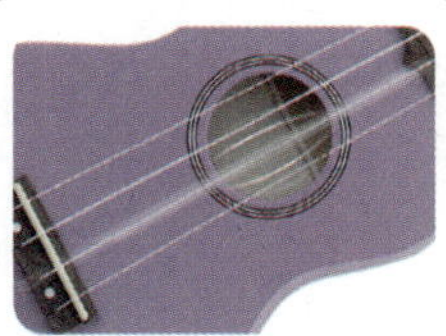

우쿨렐레의 줄을 튕기면 줄이 떨리면서 소리가 납니다.

심벌즈의 쇠판을 치면 쇠판이 떨리면서 소리가 납니다.

소리가 나는 소리굽쇠를 물에 대면 물이 사방으로 튑니다.

➡ 소리가 나는 물체는 떨림이 있습니다.

핵심 개념 확인하기

정답과 해설 • 10쪽

✔ **여러 가지 물체를 이용해 소리 내기:** 긁기, 불기, 문지르기 등으로 다양한 ❶ ☐☐ 를 낼 수 있습니다.

✔ **소리가 나는 물체의 특징:** 소리가 나는 물체는 ❷ ☐☐ 이 있습니다.

○ 여러 가지
물체를 이용해
소리 내기

1 다음은 페트병을 연필로 긁는 모습입니다. ( ) 안에 알맞은 말을 써 봅시다.

페트병을 연필로 긁으면 (   )이/가 난다.

(   )

2 다음과 같이 비닐봉지를 손으로 구길 때 나타나는 현상으로 옳은 것을 보기 에서 골라 기호를 써 봅시다.

보기
㉠ 비닐봉지를 손으로 구길 때 비닐봉지가 차가워진다.
㉡ 비닐봉지를 손으로 구길 때 비닐봉지에서 빛이 난다.
㉢ 비닐봉지를 손으로 구길 때 비닐봉지에서 소리가 난다.

(   )

3 여러 가지 물체를 이용해 소리 내는 방법으로 옳은 것에 ○표, 옳지 <u>않은</u> 것에 ✕표 해 봅시다.

(1) 페트병을 입으로 분다.   (   )

(2) 풍선을 손으로 문지른다.   (   )

(3) 비닐봉지를 책상 위에 가만히 올려둔다.   (   )

4 다음 (   ) 안에 알맞은 말을 써 봅시다.

소리가 나는 트라이앵글에 손을 살짝 대면 손에 (   )이/
가 느껴진다.

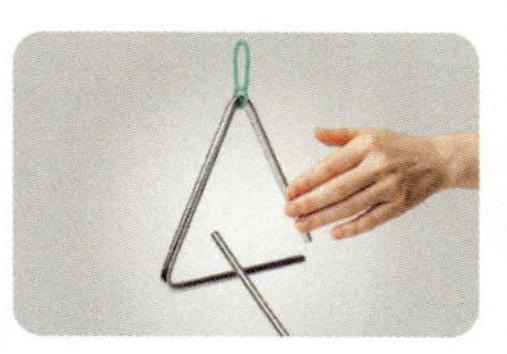

(   )

5 소리가 나지 않는 소리굽쇠와 소리가 나는 소리굽쇠를 물에 댈 때 관찰할 수 있는 모습을 선으로 연결해 봅시다.

(1) 소리가 나는
소리굽쇠를 물에
댈 때   •

• ㉠ 

(2) 소리가 나지 않는
소리굽쇠를 물에
댈 때   •

• ㉡ 

● 떨림이 있는 물체가 적혀 있는 풍선에 매달린 자음자와 모음자를 이용하여 낱말을 만들 수 있습니다. 만들 수 있는 낱말을 써 봅시다.

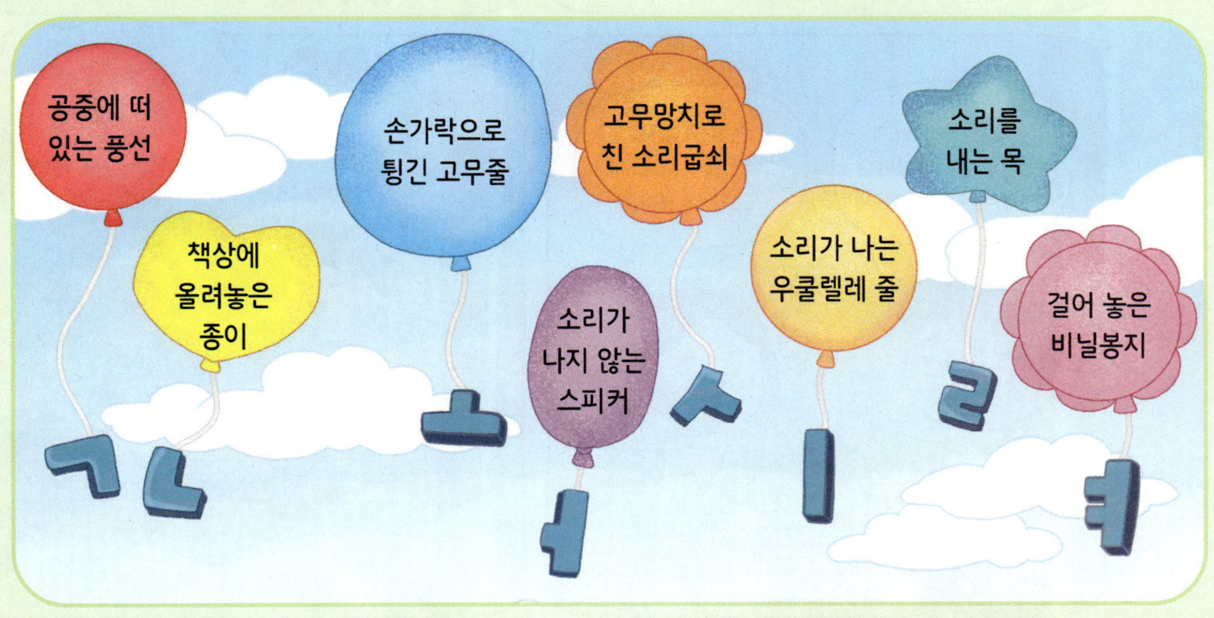

15 일차

큰 소리와 작은 소리

만화로 생각 열기

활동 **큰 소리와 작은 소리 비교하기**

과정 및 결과

실험 동영상

➕ 또 다른 방법!

📖 아이스크림, 지학사

악기의 음판을 세게 칠 때와 약하게 칠 때 음판의 떨림을 관찰하는 방법도 있습니다. 음판을 세게 칠 때는 음판이 크게 떨리고, 음판을 약하게 칠 때는 음판이 작게 떨립니다.

1 플라스틱 상자에 고무줄을 걸고 고무줄을 세게 튕길 때와 약하게 튕길 때의 소리를 비교하고 소리 측정기로 소리의 크기를 측정해 봅시다. 그리고 고무줄을 세게 튕길 때와 약하게 튕길 때 고무줄의 떨림을 비교해 봅시다.

구분	고무줄을 세게 튕길 때	고무줄을 약하게 튕길 때
고무줄을 튕기는 모습		
소리	큰 소리가 납니다.	작은 소리가 납니다.
소리 측정기로 측정한 숫자	69	51
고무줄의 떨림	고무줄이 크게 떨립니다.	고무줄이 작게 떨립니다.

└ 숫자가 클수록 큰 소리입니다.

2 작은북을 북채로 세게 칠 때와 약하게 칠 때의 소리를 비교하고 소리 측정기로 소리의 크기를 측정해 봅시다. 그리고 작은북에 플라스틱 조각을 올려놓고 작은북을 세게 칠 때와 약하게 칠 때 플라스틱 조각의 움직임을 비교해 봅시다.

구분	작은북을 세게 칠 때	작은북을 약하게 칠 때
소리	큰 소리가 납니다.	작은 소리가 납니다.
소리 측정기로 측정한 숫자	97	76
플라스틱 조각의 움직임	플라스틱 조각이 높게 튀어 오릅니다.	플라스틱 조각이 낮게 튀어 오릅니다.

정리 **큰 소리와 작은 소리가 날 때 소리가 나는 물체의 떨림이 어떻게 다를까요?**

➡ 큰 소리가 날 때는 물체가 크게 떨리고, 작은 소리가 날 때는 물체가 작게 떨립니다.

1 소리의 세기

① 소리의 세기: 소리의 크고 작은 정도입니다.
② 소리의 세기는 물체가 떨리는 정도에 따라 달라집니다.

2 큰 소리와 작은 소리 비교

① 고무줄을 세게 튕길 때와 약하게 튕길 때

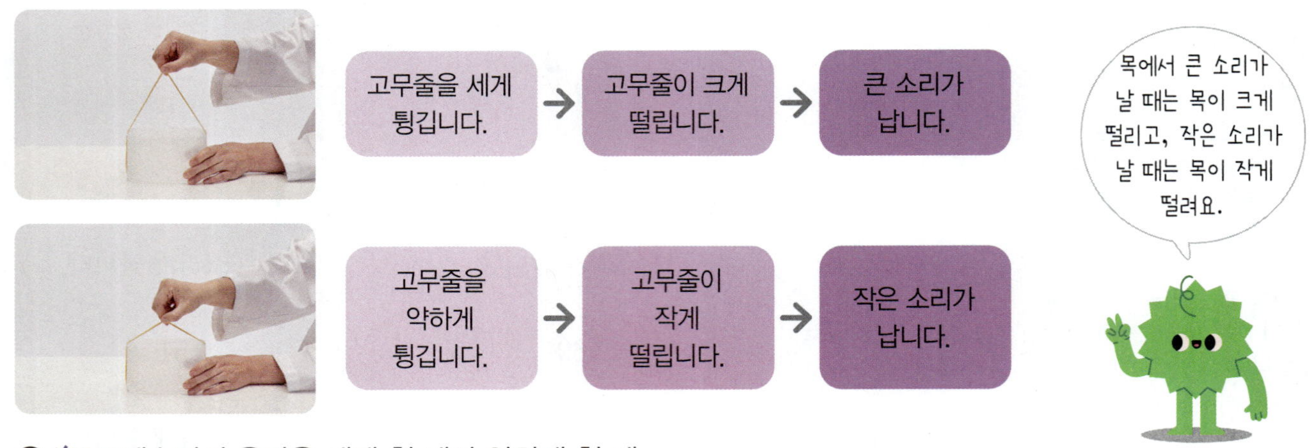

② ✓글로켄슈필의 음판을 세게 칠 때와 약하게 칠 때

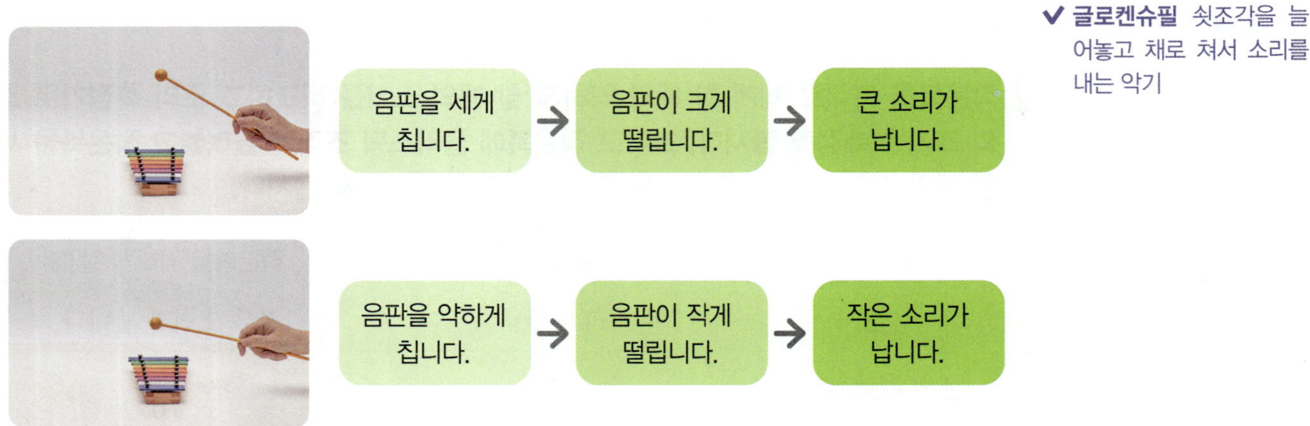

✓ **글로켄슈필** 쇳조각을 늘어놓고 채로 쳐서 소리를 내는 악기

③ 작은북을 세게 칠 때와 약하게 칠 때

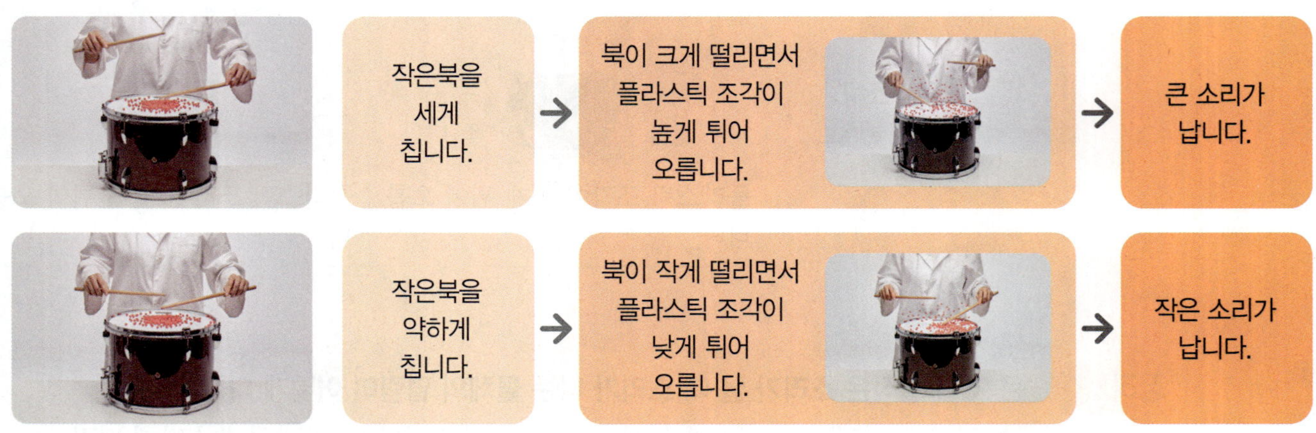

➡ 물체가 크게 떨리면 큰 소리가 나고, 물체가 작게 떨리면 작은 소리가 납니다.

① 큰 소리를 낼 때

응원할 때는 큰 소리를 냅니다.

여러 사람 앞에서 발표할 때는 큰 소리를 냅니다.

불이 나면 화재경보기가 큰 소리를 냅니다.

✔ **화재경보기** 불이 났을 때 자동으로 경보를 울리는 장치

② 작은 소리를 낼 때

도서관이나 박물관에서 이야기할 때는 작은 소리를 냅니다.

버스나 지하철에서 이야기할 때는 작은 소리를 냅니다.

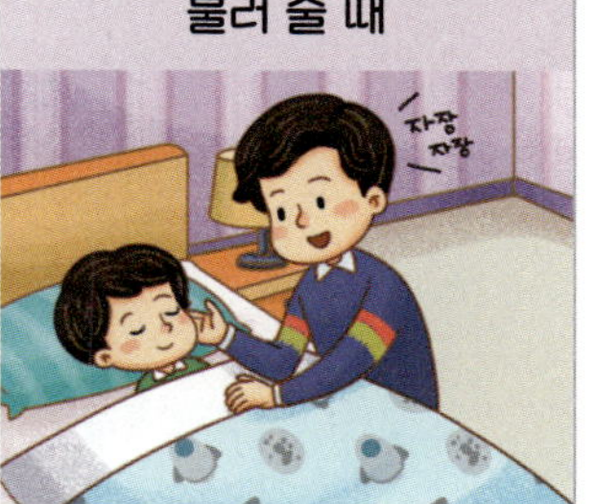

아기에게 자장가를 불러 줄 때는 작은 소리를 냅니다.

핵심 개념 확인하기

| 정답과 해설 • 10쪽

✅ **소리의 세기**
- 소리의 ❶ [ ][ ] : 소리의 크고 작은 정도입니다.
- 소리의 세기는 물체가 떨리는 정도에 따라 달라집니다.

✅ **큰 소리와 작은 소리 비교**

작은북을 ❷ [ ][ ] 칠 때	북이 크게 떨리면서 플라스틱 조각이 높게 튀어 오르고, 큰 소리가 납니다.
작은북을 ❸ [ ][ ] 칠 때	북이 작게 떨리면서 플라스틱 조각이 낮게 튀어 오르고, 작은 소리가 납니다.

✅ **일상생활에서 큰 소리를 낼 때와 작은 소리를 낼 때**

❹ [ ] 소리를 낼 때	응원할 때, 여러 사람 앞에서 발표할 때, 화재경보기가 울릴 때 등
❺ [ ][ ] 소리를 낼 때	도서관이나 박물관에서 이야기할 때, 버스나 지하철에서 이야기할 때 등

● 소리의 세기

1 다음 ( ) 안에 공통으로 들어갈 알맞은 말을 써 봅시다.

> • 소리의 크고 작은 정도를 소리의 ( )(이)라고 한다.
> • 글로켄슈필의 음판이 떨리는 정도에 따라 소리의 ( )이/가 달라진다.

( )

● 큰 소리와 작은 소리 비교

2 플라스틱 상자에 고무줄을 걸고 고무줄을 튕길 때 작은 소리가 나는 경우를 골라 기호를 써 봅시다.

㉠ 

▲ 고무줄을 세게 튕길 때

㉡ 

▲ 고무줄을 약하게 튕길 때

( )

3 작은북 위에 플라스틱 조각을 올려놓고 작은북을 약하게 칠 때와 세게 칠 때 나는 소리의 크기를 비교하여 선으로 연결해 봅시다.

(1) 

▲ 작은북을 세게 칠 때

• ㉠ 작은북이 크게 떨리면서 큰 소리가 난다.

(2) 

▲ 작은북을 약하게 칠 때

• ㉡ 작은북이 작게 떨리면서 작은 소리가 난다.

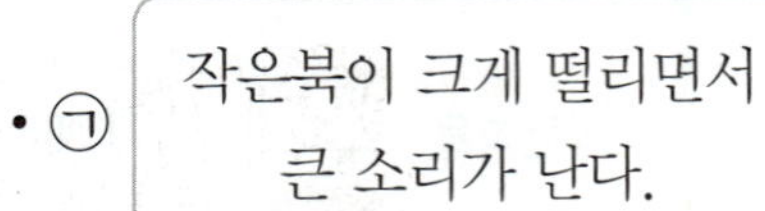

4 큰 소리와 작은 소리에 대한 설명으로 옳은 것에 ○표, 옳지 <u>않은</u> 것에 ×표 해 봅시다.

(1) 물체가 작게 떨리면 큰 소리가 난다. ( )

(2) 물체가 크게 떨리면 작은 소리가 난다. ( )

(3) 물체가 떨리는 정도에 따라 소리의 세기가 달라진다. ( )

> 일상생활에서
> 큰 소리를
> 낼 때와
> 작은 소리를
> 낼 때

5 일상생활에서 큰 소리를 내는 경우를 보기 에서 골라 기호를 써 봅시다.

( )

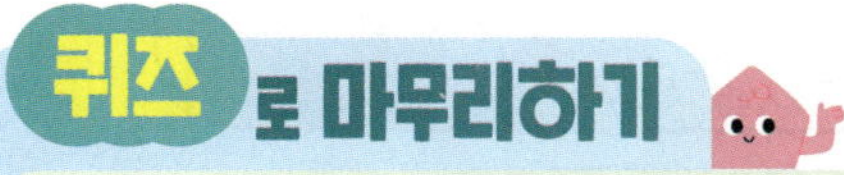

• 큰 소리가 나는 물체가 적힌 징검돌만 밟아서 징검다리를 건너려고 합니다. 밟아야 하는 징검돌을 따라 선으로 연결해 봅시다.

16 일차

높은 소리와 낮은 소리

만화로 생각 열기

탐구로 시작하기

활동 높은 소리와 낮은 소리 비교하기

과정 및 결과

실험 동영상

➕ 또 다른 방법!

📖 동아, 아이스크림

우쿨렐레의 줄을 짧게 잡고 팅기거나 길게 잡고 팅기며 소리의 높낮이를 비교하는 방법도 있습니다. 줄을 짧게 잡고 팅기면 높은 소리가 나고, 줄을 길게 잡고 팅기면 낮은 소리가 납니다.

📖 미래엔, 지학사, 천재(정)

실로폰의 짧은 음판과 긴 음판을 치며 소리의 높낮이를 비교하는 방법도 있습니다. 짧은 음판을 치면 높은 소리가 나고, 긴 음판을 치면 낮은 소리가 납니다.

1 칼림바의 길이가 가장 짧은 건반과 길이가 가장 긴 건반을 같은 세기로 팅길 때 나는 소리를 높은 소리와 낮은 소리로 구분하고, 소리의 높이를 스마트 기기로 각각 측정해 봅시다.

구분	가장 짧은 건반을 팅길 때	가장 긴 건반을 팅길 때
칼림바 건반을 팅기는 모습		
소리	높은 소리가 납니다.	낮은 소리가 납니다.
스마트 기기로 측정한 숫자	587	261

└ 숫자가 클수록 높은 소리입니다.

2 짧게 놓은 금속 자와 길게 놓은 금속 자를 같은 세기로 팅길 때 나는 소리를 높은 소리와 낮은 소리로 구분하고, 소리의 높이를 스마트 기기로 각각 측정해 봅시다. 그리고 금속 자에서 높은 소리가 날 때와 낮은 소리가 날 때 금속 자의 떨림을 비교해 봅시다.

구분	짧게 놓은 금속 자를 팅길 때	길게 놓은 금속 자를 팅길 때
금속 자를 팅기는 모습		
소리	높은 소리가 납니다.	낮은 소리가 납니다.
스마트 기기로 측정한 숫자	158	42
금속 자의 떨림	빠르게 떨립니다.	느리게 떨립니다.

정리 **소리가 나는 물체의 길이에 따라 소리의 높낮이는 어떻게 다를까요?**

➡ 소리가 나는 물체의 길이가 짧으면 높은 소리가 나고, 물체의 길이가 길면 낮은 소리가 납니다.

1 소리의 높낮이

① 소리의 높낮이: 소리의 높고 낮은 정도입니다.

② 소리의 높낮이는 소리가 나는 물체의 길이에 따라 달라집니다.

③ 소리가 나는 물체의 길이에 따라 소리의 높낮이가 달라지는 까닭
- 소리가 나는 물체의 길이에 따라 물체가 떨리는 빠르기가 달라지기 때문입니다.
- 소리가 나는 물체의 길이가 짧을수록 물체가 빠르게 떨려 높은 소리가 나고, 물체의 길이가 길수록 물체가 느리게 떨려 낮은 소리가 나기 때문입니다.

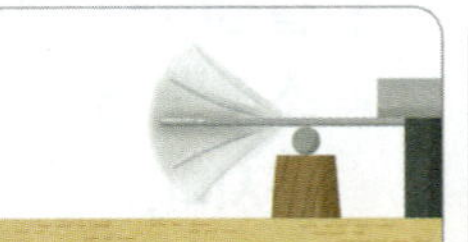
칼림바의 짧은 건반을 튕기면 건반이 빠르게 떨립니다.

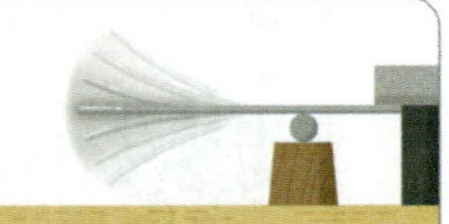
칼림바의 긴 건반을 튕기면 건반이 느리게 떨립니다.

2 높은 소리와 낮은 소리 비교

① 칼림바의 짧은 건반을 튕길 때와 긴 건반을 튕길 때

짧은 건반을 튕길 때	긴 건반을 튕길 때
 높은 소리가 납니다.	 낮은 소리가 납니다.

② 실로폰의 짧은 음판을 칠 때와 긴 음판을 칠 때

짧은 음판을 칠 때	긴 음판을 칠 때
 높은 소리가 납니다.	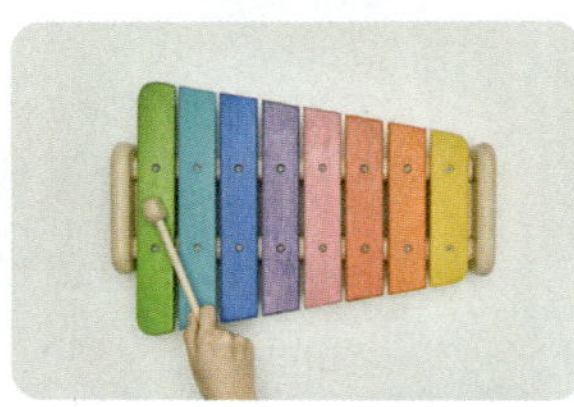 낮은 소리가 납니다.

③ 우쿨렐레의 줄을 짧게 잡고 튕길 때와 길게 잡고 튕길 때

줄을 짧게 잡고 튕길 때	줄을 길게 잡고 튕길 때
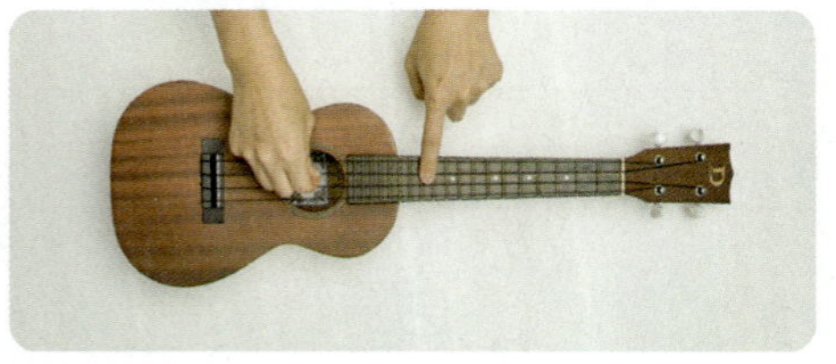	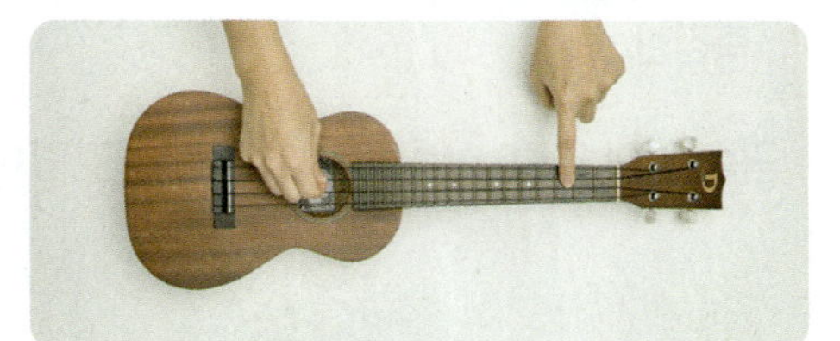
높은 소리가 납니다.	낮은 소리가 납니다.

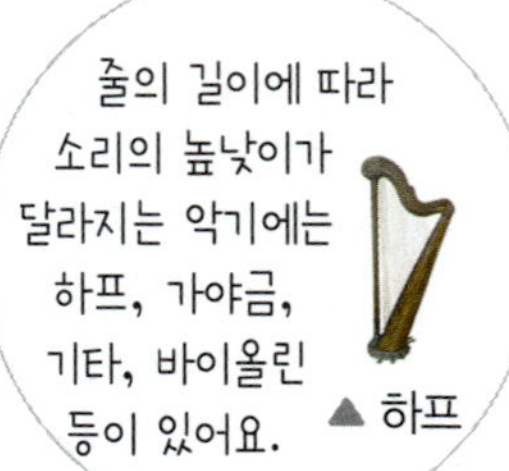

➡ 소리가 나는 물체의 길이가 짧을수록 높은 소리가 나고, 물체의 길이가 길수록 낮은 소리가 납니다.

3 일상생활에서 높은 소리와 낮은 소리를 이용하는 예

높은 소리를 이용하는 예

구급차의 경보음	화재경보기 소리	안전 요원의 호루라기 소리

구급차의 경보음은 높은 소리로 위급한 환자가 있다는 것을 알립니다.	화재경보기 소리는 높은 소리로 화재 발생을 알립니다.	안전 요원의 호루라기 소리는 높은 소리로 위험을 알립니다.

낮은 소리를 이용하는 예
뱃고동 소리

뱃고동 소리는 낮은 소리로 먼 곳까지 신호를 보냅니다.

높은 소리와 낮은 소리를 조화롭게 이용하는 예

관현악단의 연주 소리	합창단의 노랫소리

여러 종류의 악기를 이용해 높은 소리와 낮은 소리를 내면서 음악을 연주합니다.	여러 사람이 높은 소리와 낮은 소리를 내면서 화음을 만들어 합창을 합니다.

핵심 개념 확인하기

┃ 정답과 해설 • 11쪽

✔ **소리의 높낮이**
- 소리의 ❶ ☐☐☐ : 소리의 높고 낮은 정도입니다.
- 소리의 높낮이는 소리가 나는 물체의 길이에 따라 달라집니다.
- **소리가 나는 물체의 길이에 따라 소리의 높낮이가 달라지는 까닭**: 소리가 나는 물체의 길이에 따라 물체가 떨리는 빠르기가 달라지기 때문입니다.

✔ **높은 소리와 낮은 소리 비교**
- 소리가 나는 물체의 길이가 짧을수록 ❷ ☐☐ 소리가 납니다.
- 소리가 나는 물체의 길이가 길수록 ❸ ☐☐ 소리가 납니다.

✔ **일상생활에서 높은 소리와 낮은 소리를 이용하는 예**

❹ ☐☐ 소리를 이용하는 예	❺ ☐☐ 소리를 이용하는 예	높은 소리와 낮은 소리를 이용하는 예
구급차의 경보음, 화재경보기 소리	뱃고동 소리	관현악단의 연주 소리, 합창단의 노랫소리

1 다음 (   ) 안에 공통으로 들어갈 알맞은 말을 써 봅시다.

> • 소리의 높고 낮은 정도를 소리의 (   )(이)라고 한다.
> • 소리의 (   )은/는 소리가 나는 물체의 길이에 따라 달라진다.

(   )

2 칼림바의 길이가 다른 건반을 튕길 때 높은 소리가 나는 경우를 골라 기호를 써 봅시다.

㉠ 
㉡ 

▲ 짧은 건반을 튕길 때　　　　　　　　▲ 긴 건반을 튕길 때

(   )

3 다음은 금속 자를 튕겨 소리를 내는 모습입니다. (   ) 안의 알맞은 말에 ○표 해 봅시다.

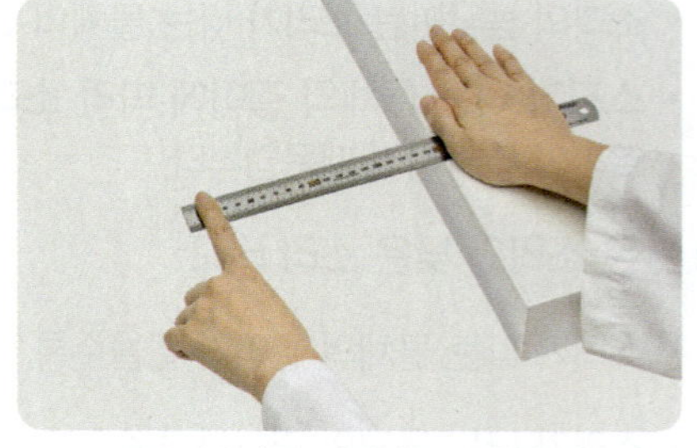

▲ 금속 자를 짧게 놓고 튕길 때　　　　　　▲ 금속 자를 길게 놓고 튕길 때

> • 금속 자를 짧게 놓고 튕기면 금속 자가 ㉠ (빠르게, 느리게) 떨리면서 높은 소리가 난다.
> • 금속 자를 길게 놓고 튕기면 금속 자가 ㉡ (빠르게, 느리게) 떨리면서 낮은 소리가 난다.

4 실로폰에서 가장 높은 소리가 나는 음판과 가장 낮은 소리가 나는 음판을 각각 골라 기호를 써 봅시다.

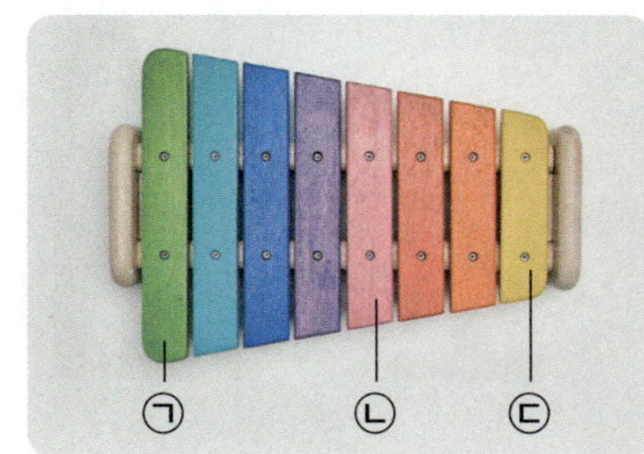

(1) 가장 높은 소리가 나는 음판: (   )

(2) 가장 낮은 소리가 나는 음판: (   )

완성
16
일차

❯ 일상생활에서
　높은 소리와
　낮은 소리를
　이용하는 예

5 일상생활에 이용하는 높은 소리와 낮은 소리를 선으로 연결해 봅시다.

(1) 

▲ 뱃고동 소리

(2) 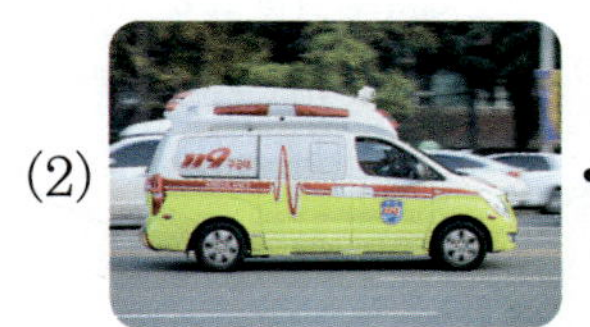

▲ 구급차의 경보음

• ㉠ 높은 소리

• ㉡ 낮은 소리

퀴즈로 마무리하기

● 다음 십자말풀이를 해 봅시다.

🔑 **가로**

❶ 소리가 나는 물체의 ☐☐가 짧을수록 높은 소리가 납니다.

❸ 금속 자를 ☐☐ 놓고 튕기면 높은 소리가 납니다.

❺ 물체의 길이에 따라 물체가 떨리는 ☐☐☐가 달라지기 때문에 소리의 높낮이가 달라집니다.

🔑 **세로**

❷ 소리의 높고 낮은 정도를 소리의 ☐☐☐라고 합니다.

❹ 금속 자를 ☐☐ 놓고 튕기면 낮은 소리가 납니다.

❻ 화재 ☐☐☐ 소리는 높은 소리로 화재 발생을 알립니다.

17 일차

소리의 전달

만화로 생각 열기

활동 여러 가지 물질을 통해 소리 전달하기

과정 및 결과

＋ 또 다른 방법!

📖 지학사

비닐 랩을 씌운 그릇 위에 색 모래를 올려놓고, 소리가 나는 소리굽쇠를 가까이 할 때 색 모래에 나타나는 변화를 관찰하는 방법도 있습니다.

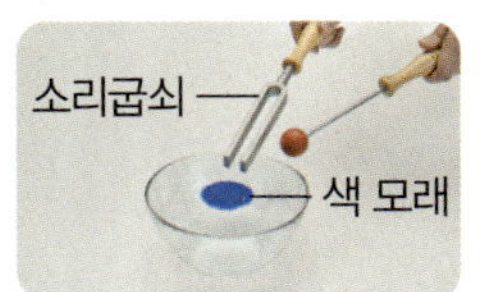

색 모래에 소리가 나는 소리굽쇠를 가까이 하면 색 모래가 움직입니다. 이 모습을 통해 소리굽쇠의 떨림이 공기를 통해 전달된다는 것을 알 수 있습니다.

1 기체 상태인 물질을 통해 소리를 전달해 봅시다.

❶ 공기를 뺄 수 있는 장치 안에 탈지면을 깐 다음, 스피커를 넣고 뚜껑을 닫습니다.

❷ 장치의 손잡이를 당겨 장치에서 공기를 빼고, 스마트 기기로 스피커의 소리를 켠 다음 소리를 들어 봅니다.

➜ 소리가 잘 들리지 않습니다.

❸ 뚜껑의 가운데 부분을 열어 장치에 공기를 채우면서 소리를 들어 보며, 장치에서 공기를 뺐을 때 소리의 세기와 비교해 봅시다.

➜ 장치에서 공기를 뺐을 때보다 소리가 크게 들립니다.

2 액체 상태인 물질을 통해 소리를 전달해 봅시다.

❶ 물속에 캐스터네츠를 넣은 뒤 부딪쳐 소리를 내 봅니다.

❷ 물 밖에서 소리가 들리는지 확인해 봅시다.

➜ 물 밖에서 캐스터네츠의 소리가 들립니다.

3 고체 상태인 물질을 통해 소리를 전달해 봅시다.

❶ 귀마개로 한쪽 귀를 막고, 반대쪽 귀를 책상에 댑니다.

이 실험에 사용한 책상은 나무로 이루어진 물체입니다.

❷ 친구가 책상을 두드릴 때 나는 소리를 들어 봅시다.

➜ 귀를 댄 책상에서 책상을 두드린 소리가 들립니다.

정리 **소리는 어떤 물질을 통해 전달될까요?**

➜ 소리는 공기를 통해 전달됩니다.

➜ 소리는 물을 통해 전달됩니다.

➜ 소리는 나무를 통해 전달됩니다.

1 기체를 통한 소리의 전달

① 일상생활에서 우리가 듣는 대부분의 소리는 기체 상태인 공기를 통해서 전달됩니다.

② 우리가 주변에서 나는 소리를 들을 수 있는 까닭: 소리가 나는 물체의 떨림이 기체인 공기를 통해 우리에게 전달되기 때문입니다.

공기를 뺄 수 있는 장치에서 공기를 빼거나 장치에 공기를 채우며 장치 안에서 나는 소리 듣기

[결과] 장치에 공기를 채우면 장치에서 공기를 뺐을 때보다 소리가 크게 들립니다.
➡ 공기를 통해 소리가 전달됩니다.

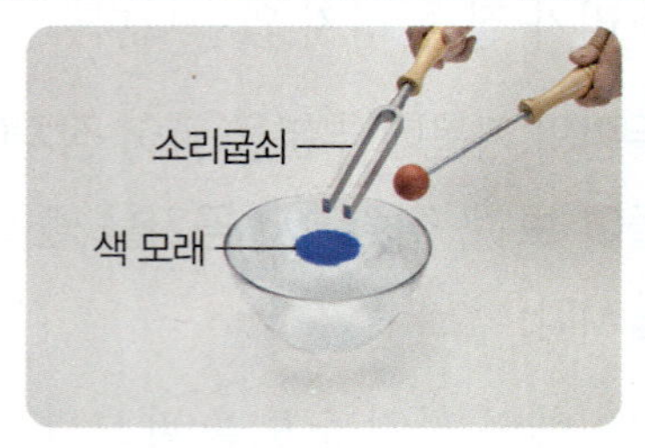

비닐 랩을 씌운 그릇 위에 색 모래를 올려놓고, 소리가 나는 소리굽쇠를 가까이 하며 색 모래에 나타나는 변화 관찰하기

[결과] 색 모래에 소리가 나는 소리굽쇠를 가까이 하면 색 모래가 움직입니다.
➡ 공기를 통해 소리가 나는 물체의 떨림이 전달됩니다.

2 액체를 통한 소리의 전달

소리는 물과 같은 액체를 통해서도 전달됩니다.

물속에서는 물을 통해, 물과 사람의 귀 사이에서는 공기를 통해 소리가 전달됩니다.

물속에서 캐스터네츠를 부딪쳐서 낸 소리가 물 밖에서 들립니다.

3 고체를 통한 소리의 전달

소리는 나무, 실, 플라스틱 등과 같은 고체를 통해서도 전달됩니다.

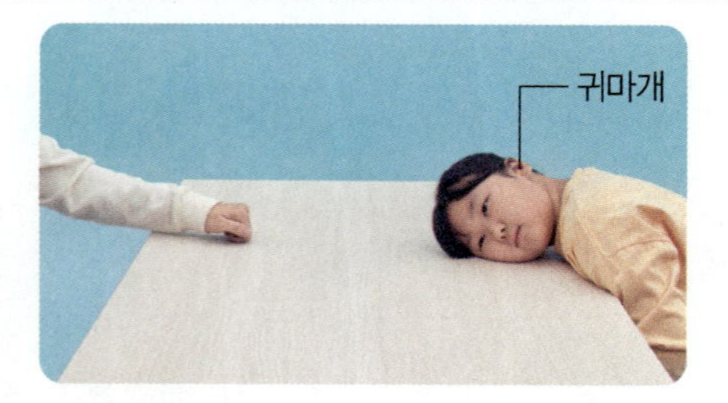

책상에 귀를 대고 두드리는 소리 듣기

[결과] 책상을 두드리는 소리가 들립니다.
➡ 나무를 통해 소리가 전달됩니다.

실로 연결된 숟가락을 두드리는 소리 듣기

[결과] 숟가락을 두드리는 소리가 들립니다.
➡ 실을 통해 소리가 전달됩니다.

4 여러 가지 물질을 통해 소리가 전달되는 예

① 기체를 통해 소리가 전달되는 예

▲ 학교 종소리는 공기를 통해 운동장까지 전달됩니다.

▲ 선생님의 목소리는 공기를 통해 교실 뒤쪽까지 전달됩니다.

▲ 새소리는 공기를 통해 멀리까지 전달됩니다.

② 액체를 통해 소리가 전달되는 예

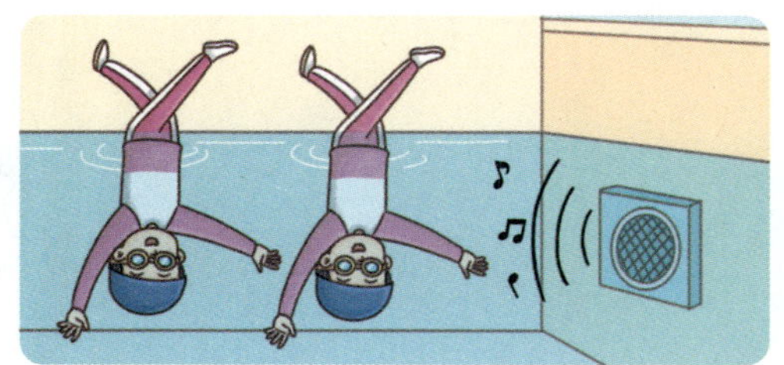

▲ 스피커의 음악 소리는 물을 통해 수중 발레 선수에게 전달됩니다.

▲ 먼 곳에서 다가오는 배의 소리는 물을 통해 잠수부에게 전달됩니다.

③ 고체를 통해 소리가 전달되는 예

▲ 철봉에 귀를 대었을 때 들리는 철봉을 두드리는 소리는 철을 통해 전달됩니다.

▲ 실 전화기에서 들리는 친구의 목소리는 종이컵에 연결된 실을 통해 전달됩니다.

▲ 바닥에 귀를 대었을 때 들리는 발걸음 소리는 바닥을 통해 전달됩니다.

핵심 개념 확인하기

| 정답과 해설 • 11쪽

✔ **기체를 통한 소리의 전달**
- 일상생활에서 우리가 듣는 대부분의 소리는 ❶ ☐☐ 상태인 공기를 통해서 전달됩니다.
- **우리가 주변에서 나는 소리를 들을 수 있는 까닭**: 소리가 나는 물체의 떨림이 기체인 공기를 통해 우리에게 전달되기 때문입니다.

✔ **액체를 통한 소리의 전달**: 소리는 물과 같은 ❷ ☐☐ 를 통해서도 전달됩니다.

✔ **고체를 통한 소리의 전달**: 소리는 나무, 실, 플라스틱 등과 같은 ❸ ☐☐ 를 통해서도 전달됩니다.

문제로 완성하기

◑ 기체를 통한 소리의 전달

1 스피커에서 나는 소리가 더 크게 들리는 경우를 골라 기호를 써 봅시다.

▲ 장치에서 공기를 뺐을 때

▲ 장치에 공기를 채웠을 때

(   )

◑ 액체를 통한 소리의 전달

2 다음은 물속에서 캐스터네츠를 부딪쳐서 소리를 내는 실험입니다. 이 실험에 대한 설명으로 옳은 것을 보기 에서 골라 기호를 써 봅시다.

보기

ㄱ 물 밖에서 캐스터네츠의 소리가 들리지 않는다.
ㄴ 액체인 물을 통해 소리가 전달된다는 사실을 알 수 있다.
ㄷ 고체인 수조를 통해 소리가 전달된다는 사실을 알 수 있다.

(   )

◑ 고체를 통한 소리의 전달

3 오른쪽은 귀마개로 한쪽 귀를 막고 반대쪽 귀를 책상에 댄 다음, 친구가 책상을 두드릴 때 나는 소리를 듣는 모습입니다. (   ) 안의 알맞은 말에 ○표 해 봅시다.

친구가 책상을 두드리는 소리는 (기체, 액체, 고체)인 나무를 통해 전달된다.

4 소리를 전달하는 물질을 선으로 연결해 봅시다.

(1) 

▲ 교실 뒤쪽에서 들리는 선생님
의 목소리

• ㉠ 물

(2)

▲ 수중 발레 선수에게 들리는
음악 소리

• ㉡ 공기

5 소리의 전달에 대한 설명으로 옳은 것에 ○표, 옳지 <u>않은</u> 것에 ×표 해 봅시다.

(1) 새소리는 기체인 공기를 통해 전달된다. ( )

(2) 먼 곳에서 다가오는 배의 소리는 액체인 물을 통해 잠수부에게 전달된다.

( )

(3) 바닥에 귀를 대었을 때 들리는 발걸음 소리는 액체인 바닥을 통해 전달된다.

( )

퀴즈 로 마무리하기

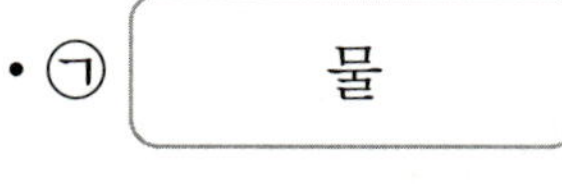

● 다음 ☐ 안에 알맞은 낱말을 말 상자에서 찾아 모두 ○표 해 봅시다. 말 상자의 낱말은 가로, 세로, 대각선에 숨어 있습니다.

기	소	리	상	액
술	체	장	태	체
책	상	치	지	전
교	고	소	질	화
실	래	체	전	달

❶ 학교 종소리는 ☐☐인 공기를 통해 전달됩니다.

❷ 수중 발레 선수에게 들리는 음악 소리는 ☐☐인 물을 통해 전달됩니다.

❸ 실로 연결된 숟가락을 두드리는 소리는 ☐☐인 실을 통해 전달됩니다.

❹ 우리가 주변에서 나는 소리를 들을 수 있는 까닭은 소리가 나는 물체의 떨림이 기체인 공기를 통해 우리에게 ☐☐되기 때문입니다.

18 일차

소음을 줄이는 방법

만화로 생각 열기

탐구로 시작하기

활동 | 소음을 줄이는 방법 조사하기

과정 및 결과

1 학교와 집에서 소음이 많이 일어나는 상황을 이야기해 봅시다.

18 일차

➕ 또 다른 방법!

📖 천재(이)

여러 가지 소리를 기분 좋은 소리와 기분 좋지 않은 소리로 분류하며 소음에 대해 알아보는 방법도 있습니다.

| 기분 좋은 소리 | • 악기 연주 소리
• 새들이 지저귀는 소리 |
| 기분 좋지 않은 소리 | • 사람들이 싸우는 소리
• 빠르게 달리는 말발굽 소리 |

| 학교 | ❶ 친구들이 큰 소리로 떠들 때 소음이 일어납니다.
❷ 교실 문을 세게 닫을 때 소음이 일어납니다.
❸ 복도에서 뛸 때 소음이 일어납니다. |
| 집 | ❹ 텔레비전 소리를 크게 했을 때 소음이 일어납니다.
❺ 소파에서 뛰어내릴 때 소음이 일어납니다.
❻ 의자를 끌어서 뺄 때 소음이 일어납니다. |

2 각각의 상황에서 소음을 줄이는 방법을 스마트 기기로 조사해 봅시다.

| 학교 | ❶ 큰 소리로 떠들지 않습니다.
❷ 교실 문을 살짝 닫습니다.
❸ 복도에서 뛰지 않습니다. |
| 집 | ❹ 텔레비전 소리를 줄입니다.
❺ 소파에서 뛰어내리지 않습니다.
❻ 의자 다리에 소음 방지 패드를 붙이거나 의자를 들어서 옮깁니다. |

정리

소음을 줄이는 방법에는 어떤 것이 있을까요?

➡ 소리의 세기를 줄이거나 소리가 전달되는 것을 막아 소음을 줄일 수 있습니다.

1 소음

① 소음: 다른 사람을 불쾌하게 만들거나 다른 사람에게 해를 끼칠 수 있는 시끄러운 소리입니다.

② 소음이 우리에게 미치는 영향

- 기분이 나쁩니다.
- 스트레스를 받아 질병이 생깁니다.
- 이웃 간의 다툼 같은 사회적인 문제가 생깁니다.

2 우리 주변 장소에서 발생하는 소음과 소음을 줄이는 방법

① 학교나 집

소음	소음을 줄이는 방법
시끄러운 음악 소리	• 이중창이나 커튼을 설치합니다. • 벽에 소리가 잘 전달되지 않는 물질을 붙입니다.
밤에 들리는 악기 소리	늦은 시간에 악기를 연주하지 않습니다.
걷거나 뛰는 소리	• 실내화를 신습니다. • 바닥에 소음 방지 매트를 깝니다.

② 도로

소음	소음을 줄이는 방법
자동차 ⌄경적 소리	⌄방음벽을 설치합니다.
자동차가 빠르게 달리는 소리	과속 방지턱을 설치합니다.
확성기 소리	확성기 소리를 줄입니다.

✔ **경적** 주의를 하도록 울리는 소리

✔ **방음벽** 한쪽의 소리가 다른 쪽으로 새어 나가거나 새어 들어오는 것을 막기 위하여 설치한 벽

③ 공사장

소음	소음을 줄이는 방법
기계 소리	• 방음벽을 설치합니다. • 정해진 시간이나 요일에만 공사를 합니다.

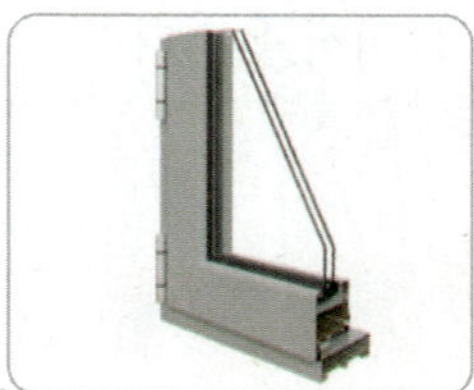

▲ 이중창

▲ 소리가 잘 전달되지 않는 물질을 붙인 벽

▲ 도로 방음벽

▲ 과속 방지턱

3 소리의 성질을 이용하여 소음을 줄이는 방법

소리의 세기를 줄이거나 소리가 잘 전달되지 않게 하여 소음을 줄일 수 있습니다.

<table>
<tr><td colspan="2">소리의 세기를 줄이는 방법</td><td colspan="2">소리가 잘 전달되지 않게 하는 방법</td></tr>
<tr>
<td></td>
<td></td>
<td></td>
<td></td>
</tr>
<tr>
<td>▲ 텔레비전이나 스피커 소리를 줄입니다.</td>
<td>▲ 확성기 소리를 줄입니다.</td>
<td>▲ 이중창을 설치합니다.</td>
<td>▲ 벽에 소리가 잘 전달되지 않는 물질을 붙입니다.</td>
</tr>
<tr>
<td></td>
<td></td>
<td></td>
<td></td>
</tr>
<tr>
<td>▲ 집에서 뛰거나 달리지 않습니다.</td>
<td>▲ 과속 방지턱을 설치합니다.</td>
<td>▲ 시끄러운 소리가 나는 곳에 방음벽을 설치합니다.</td>
<td>▲ 바닥에 소음 방지 매트를 깝니다.</td>
</tr>
</table>

핵심 개념 확인하기

정답과 해설 • 12쪽

✓ ❶ ☐☐ : 다른 사람을 불쾌하게 만들거나 다른 사람에게 해를 끼칠 수 있는 시끄러운 소리입니다.

✓ 우리 주변 장소에서 발생하는 소음과 소음을 줄이는 방법

장소	소음	소음을 줄이는 방법
학교나 집	시끄러운 음악 소리	이중창이나 커튼을 설치합니다.
	걷거나 뛰는 소리	실내화를 신습니다.
	밤에 들리는 악기 소리	늦은 시간에 악기를 연주하지 않습니다.
❷ ☐☐	자동차 경적 소리	방음벽을 설치합니다.
	자동차가 빠르게 달리는 소리	과속 방지턱을 설치합니다.
❸ ☐☐☐	기계 소리	정해진 시간이나 요일에만 공사를 합니다.

✓ 소리의 성질을 이용하여 소음을 줄이는 방법: 소리의 세기를 줄이거나 소리가 잘 전달되지 않게 합니다.

소리의 ❹ ☐☐ 를 줄이는 방법	• 텔레비전이나 스피커 소리를 줄입니다. • 집에서 뛰거나 달리지 않습니다.
소리가 잘 ❺ ☐☐ 되지 않게 하는 방법	• 이중창을 설치합니다. • 벽에 소리가 잘 전달되지 않는 물질을 붙입니다.

문제로 완성하기

1 다음 (   ) 안에 알맞은 말을 써 봅시다.

> 다른 사람을 불쾌하게 만들거나 다른 사람에게 해를 끼칠 수 있는 시끄러운 소리를 (   )(이)라고 한다.

(   )

2 소음이 우리에게 미치는 영향으로 옳은 것에 ○표, 옳지 <u>않은</u> 것에 ×표 해 봅시다.

(1) 소음을 들으면 기분이 좋다.　　　　　　　　　　　(　　　)

(2) 스트레스를 받아 질병이 생긴다.　　　　　　　　　(　　　)

(3) 이웃 간의 다툼 같은 사회적인 문제가 생긴다.　　　(　　　)

3 소음과 소음을 줄이는 방법을 선으로 연결해 봅시다.

(1) 
▲ 뛰는 소리

· 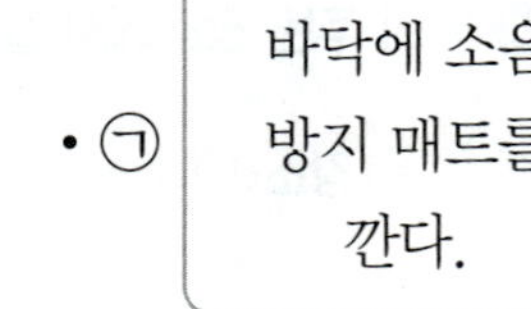　· ㉠ 바닥에 소음 방지 매트를 깐다.

(2) 
▲ 시끄러운 음악 소리

· 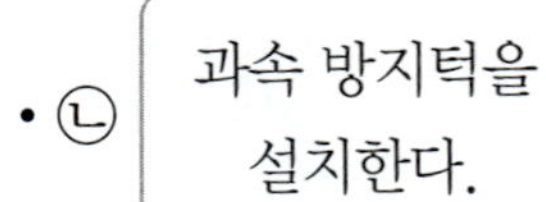　· ㉡ 과속 방지턱을 설치한다.

(3) 
▲ 자동차가 빠르게 달리는 소리

· ㉢ 이중창을 설치한다.

소리의 성질을
이용하여 소음을
줄이는 방법

4 소음을 줄이는 방법으로 옳지 <u>않은</u> 것을 보기 에서 골라 기호를 써 봅시다.

> 보기
>
> ㉠ 스피커 소리를 줄인다.
> ㉡ 집에서 뛰거나 달리지 않는다.
> ㉢ 벽에 소리가 잘 전달되는 물질을 붙인다.

(   )

5 다음은 도로 방음벽에 대한 설명입니다. (   ) 안의 알맞은 말에 ○표 해 봅시다.

> 방음벽을 설치하면 소리가 (발생하는, 전달되는) 것을 줄일 수 있다.

• 소음을 줄이는 방법이 적힌 카드를 골라 카드에 적힌 숫자를 모두 더하면 비밀번호가 나온다고 합니다. 비밀번호를 써 봅시다.

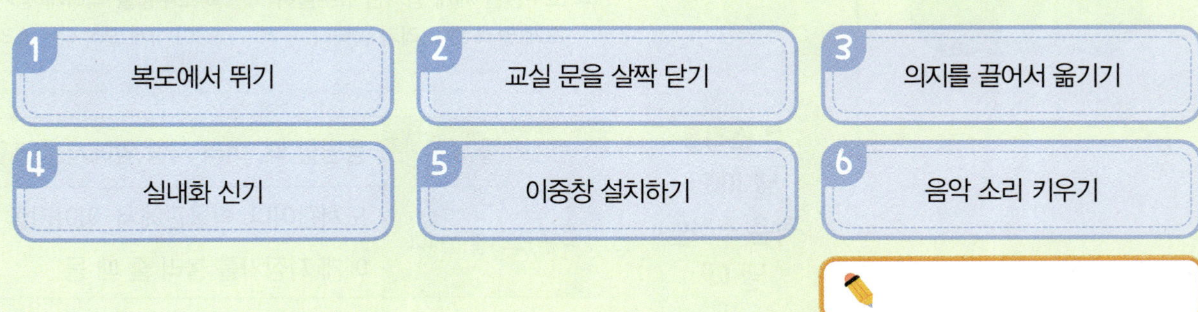

생각 그물 로 정리하기

● 다음 빈칸에 들어갈 내용을 써서 생각 그물을 완성해 보세요.

소리의 성질

소리가 나는 물체의 특징
○ 14일차

여러 가지 물체를 이용해 소리 내기
- 여러 가지 물체를 이용해 다양한 소리를 낼 수 있습니다.
- 여러 가지 물체를 이용해 ❶ ☐☐ 내는 방법: 긁기, 불기, 문지르기, 튕기기, 두드리기 등

소리가 나는 물체의 특징
소리가 나는 물체는 ❷ ☐☐ 이 있습니다.

▲ 소리가 나는 트라이앵글에 손을 대면 떨림이 느껴집니다.

▲ 소리가 나는 소리굽쇠에 손을 대면 떨림이 느껴집니다.

▲ 소리가 나는 소리굽쇠를 물에 대면 물이 사방으로 튑니다.

큰 소리와 작은 소리
○ 15일차

소리의 세기
소리의 크고 작은 정도를 소리의 ❸ ☐☐ 라고 합니다.

큰 소리와 작은 소리 비교
물체가 ❹ ☐☐ 떨리면 큰 소리가 나고, 물체가 ❺ ☐☐ 떨리면 작은 소리가 납니다.

▲ 고무줄을 세게 튕기면 고무줄이 크게 떨려 큰 소리가 납니다.

▲ 고무줄을 약하게 튕기면 고무줄이 작게 떨려 작은 소리가 납니다.

큰 소리를 낼 때와 작은 소리를 낼 때

큰 소리를 낼 때	응원할 때, 여러 사람 앞에서 발표할 때 등
작은 소리를 낼 때	도서관이나 박물관에서 이야기할 때, 아기에게 자장가를 불러 줄 때 등

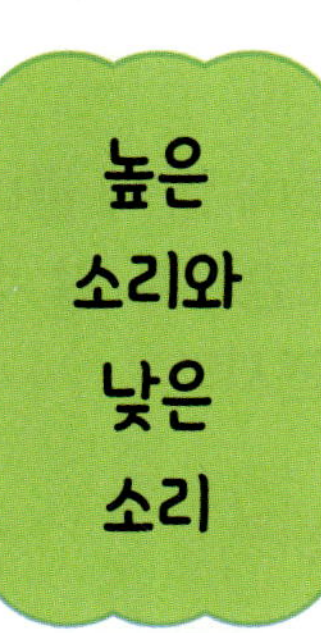

높은 소리와 낮은 소리

○ 16일차

소리의 높낮이

소리의 높고 낮은 정도를 소리의 ❻ □□□ 라고 합니다.

높은 소리와 낮은 소리 비교

소리가 나는 물체의 길이가 짧을수록 ❼ □□ 소리가 나고, 소리가 나는 물체의 길이가 길수록 ❽ □□ 소리가 납니다.

▲ 칼림바의 길이가 짧은 건반을 튕기면 높은 소리가 납니다.

▲ 칼림바의 길이가 긴 건반을 튕기면 낮은 소리가 납니다.

○ 17일차

소리의 전달

기체를 통한 소리의 전달

▲ 스피커 소리가 ❾ □□ 인 공기를 통해 전달됩니다.

액체를 통한 소리의 전달

▲ 물속에서 낸 캐스터네츠 소리가 액체인 물과 기체인 공기를 통해 전달됩니다.

고체를 통한 소리의 전달

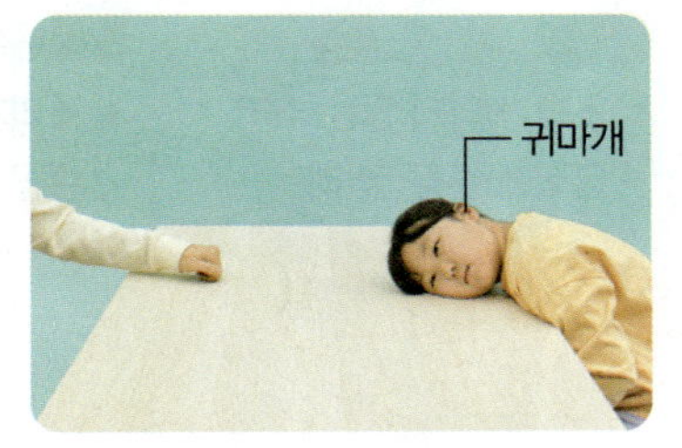

▲ 책상을 두드린 소리가 고체인 나무를 통해 전달됩니다.

○ 18일차

소음을 줄이는 방법

소음

다른 사람을 불쾌하게 만들거나 다른 사람에게 해를 끼칠 수 있는 시끄러운 소리를 ❿ □□ 이라고 합니다.

소음을 줄이는 방법

• 소리의 세기를 줄입니다.
• 소리가 잘 전달되지 않게 합니다.

1 다음 (　　) 안에 공통으로 들어갈 알맞은 말을 써 봅시다.

> • 물체를 두드리거나 튕기면 (　　　)이/가 난다.
> • 물체를 구기거나 입으로 불어도 (　　　) 이/가 난다.

(　　　　　　　　　)

중요

2 소리굽쇠에 손을 댈 때 떨림이 느껴지는 경우 를 골라 기호를 써 봅시다.

㉠ 
▲ 소리가 나지 않는 소리 굽쇠에 손을 댈 때

㉡ 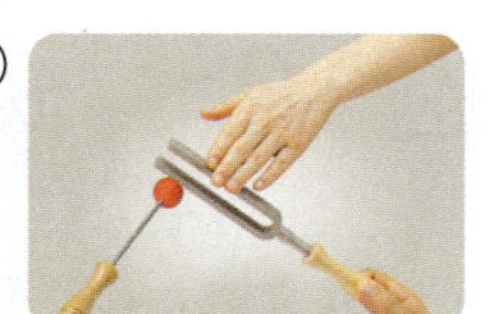
▲ 소리가 나는 소리굽쇠에 손을 댈 때

(　　　　　　　　　)

3 소리가 나는 물체의 공통된 특징으로 옳은 것 은 어느 것입니까? (　　　)

① 소리가 날 때 떨림이 있다.
② 소리가 날 때 부피가 커진다.
③ 소리가 날 때 온도가 낮아진다.
④ 소리가 날 때 온도가 높아진다.
⑤ 소리가 날 때 무게가 증가한다.

4 다음은 소리가 나는 소리굽쇠를 물에 댈 때 물이 사방으로 튀는 모습입니다. 이 모습으로 알 수 있는 사실을 떨림과 관련지어 써 봅시다.

____

____

5 소리의 세기에 대한 설명으로 옳지 <u>않은</u> 것은 어느 것입니까? (　　　)

① 고무줄을 세게 튕기면 큰 소리가 난다.
② 고무줄을 약하게 튕기면 작은 소리가 난다.
③ 소리의 세기는 물체가 떨리는 정도와 관 계가 있다.
④ 글로켄슈필의 음판을 약하게 치면 큰 소 리가 난다.
⑤ 글로켄슈필의 음판이 크게 떨리게 하면 큰 소리가 난다.

6 다음은 작은북 위에 플라스틱 조각을 올려놓고 치는 모습입니다. 큰 소리가 나는 경우를 골라 기호를 써 봅시다.

㉠ 　　㉡ 

(　　　　　　　　　)

중요

7 다음은 플라스틱 통에 건 고무줄을 튕겨 소리를 내는 모습입니다. 더 큰 소리가 나게 하는 방법을 옳게 설명한 사람의 이름을 써 봅시다.

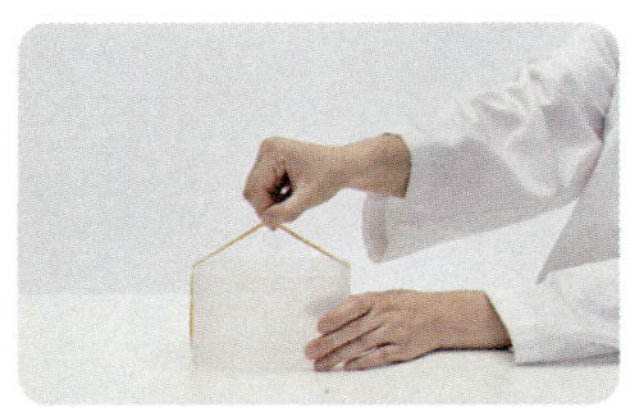

- 승아: 고무줄을 더 세게 튕겨야 해.
- 준성: 고무줄을 더 약하게 튕겨야 해.
- 지호: 길이가 더 긴 고무줄로 바꿔야 해.

( )

서술형

8 글로켄슈필로 큰 소리와 작은 소리를 내는 방법을 써 봅시다.

____

____

9 일상생활에서 작은 소리를 내는 경우를 두 가지 골라 써 봅시다. (,)

① 
▲ 운동장에서 응원할 때

② 
▲ 도서관에서 이야기할 때

③ 
▲ 지하철에서 이야기 할 때

④ 
▲ 여러 사람 앞에서 발표 할 때

10 소리의 높낮이에 대한 설명으로 옳지 <u>않은</u> 것은 어느 것입니까? ( )

① 소리의 높고 낮은 정도이다.
② 칼림바는 소리의 높낮이를 이용해 연주한다.
③ 실로폰은 음판의 길이에 따라 소리의 높낮이가 다르다.
④ 금속 자를 튕길 때 금속 자가 짧을수록 높은 소리가 난다.
⑤ 우쿨렐레의 줄을 튕기는 세기에 따라 소리의 높낮이가 다르다.

중요

11 다음 실로폰을 쳤을 때 (가)보다 높은 소리를 내는 음판을 옳게 짝 지은 것은 어느 것입니까? ( )

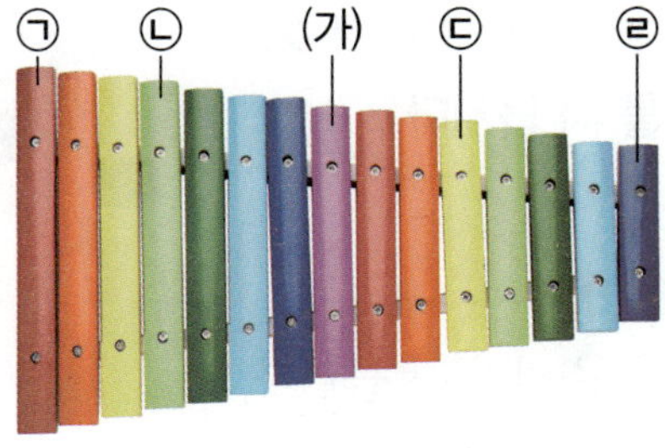

① ㉠, ㉡　　　② ㉠, ㉢
③ ㉡, ㉢　　　④ ㉡, ㉣
⑤ ㉢, ㉣

12 우쿨렐레로 더 높은 소리를 내는 방법을 써 봅시다.

____

____

13 다음은 구급차의 경보음에 대한 설명입니다. ( ) 안의 알맞은 말에 ○표 해 봅시다.

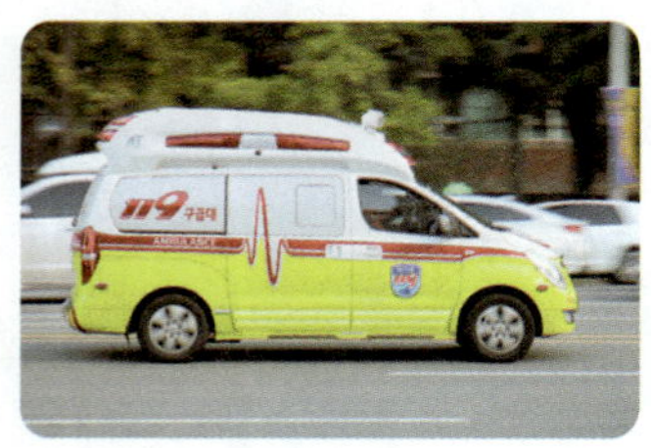

> 구급차의 경보음은 (높은, 낮은) 소리를 이용하여 구급차에 위급한 환자가 있다는 것을 알린다.

14 오른쪽과 같이 장치에서 공기를 뺀 다음 스피커에서 나는 소리를 들은 결과로 옳은 것을 보기 에서 골라 기호를 써 봅시다.

> **보기**
> ㉠ 소리가 잘 들린다.
> ㉡ 소리가 잘 들리지 않는다.
> ㉢ 소리가 들렸다 들리지 않았다 한다.

( )

15 다음은 물속에서 캐스터네츠를 부딪친 다음 소리가 전달되는지 확인하는 실험의 결과입니다. ( ) 안의 알맞은 말에 ○표 해 봅시다.

> 물속에서 캐스터네츠를 부딪쳐서 낸 소리를 물 밖에서 들을 수 ㉠ (있다, 없다). 이 실험으로 소리가 물을 통해 ㉡ (전달된다는, 전달되지 않는다는) 사실을 알 수 있다.

16 소리를 전달하는 물질의 상태가 같은 경우를 두 가지 골라 써 봅시다. (,)

① 
▲ 물속에서 들리는 음악 소리

② 
▲ 운동장에서 들리는 학교 종소리

③ 
▲ 교실 뒤쪽에서 들리는 선생님의 소리

④ 
▲ 철봉에서 들리는 철봉을 두드리는 소리

17 다음 상황에서 소리를 전달하는 물질의 상태를 선으로 연결해 봅시다.

(1) 
▲ 다가오는 배의 소리가 잠수부에게 들릴 때

• • ㉠ 기체

(2) 
▲ 멀리서 지저귀는 새소리가 들릴 때

• • ㉡ 액체

(3) 
▲ 실 전화기에서 친구의 목소리가 들릴 때

• • ㉢ 고체

18 학교와 집에서 소음을 줄이는 방법으로 옳지 <u>않은</u> 것은 어느 것입니까?   (   )

① 문을 살짝 닫는다.
② 뛰지 않고 걸어다닌다.
③ 의자 다리에 소음 방지 패드를 붙인다.
④ 텔레비전을 볼 때는 소리를 최대한 크게 한다.
⑤ 책상이나 의자를 옮길 때는 끌지 않고 들어서 옮긴다.

19 다음은 소리의 성질을 이용하여 소음을 줄이는 방법에 대한 설명입니다. (   ) 안에 알맞은 말을 써 봅시다.

> 소음을 줄이려면 소리의 (㉠)을/를 줄이거나 소리가 잘 (㉡)되지 않게 한다.

㉠: (   )
㉡: (   )

20 다음과 같이 도로에 방음벽을 설치하는 까닭으로 옳은 것을 보기 에서 골라 기호를 써 봅시다.

보기
㉠ 도로를 아름답게 꾸미기 위해 방음벽을 설치한다.
㉡ 추운 날 도로가 어는 것을 막기 위해 방음벽을 설치한다.
㉢ 자동차가 달릴 때 나는 소음이 도로 바깥으로 전달되지 않게 하기 위해 방음벽을 설치한다.

(   )

20 일차

생활 속 감염병의 사례와 위험성

만화로 생각 열기

활동 1　생활 속 감염병의 종류 알아보기

과정 및 결과

1 생활 속 감염병과 관련된 자신의 경험을 이야기해 봅시다.

➡ 명절에 가족 모두가 코로나19에 걸린 적이 있습니다.

➡ 매년 겨울이 되면 병원에 가서 예방접종을 합니다.

2 생활 속 감염병의 증상을 조사해 봅시다.

✔ **몸살** 팔다리가 쑤시고 기운이 없는 병

독감	수두	결핵

기침과 열이 많이 나고, 몸살이 나거나 추위를 느낍니다.	피부에 붉은 물집이 생기고, 가렵습니다.	기침이 2주 이상 계속되며, 가래가 생기고 열이 납니다.

유행성 각결막염	파상풍	수족구병

눈이 빨개지고, 가려우며 눈곱이 낍니다.	근육이 굳어집니다.	입안과 손발에 물집이 생깁니다.

식중독	무좀	볼거리

배가 아프고, 설사나 구토를 합니다.	발의 피부가 허옇게 되거나 갈라지며 간지럽습니다.	볼이 붓고 볼에 통증이 나타납니다.

정리　생활 속 감염병에는 무엇이 있을까요?

➡ 감염병에는 독감, 수두, 결핵, 유행성 각결막염 등 많은 종류가 있습니다.

📖 내 교과서 · 7종 공통

활동 2 · 감염병의 위험성 토의하기

과정 및 결과

1 감염병이 유행하면 어떤 일이 일어날지 친구들과 토의해 봅시다.

✔ **격리** 다른 것과 통하지 못하게 사이를 막거나 떼어 놓는 것

다른 사람에게 감염병을 옮길 수 있어서 ✔격리됩니다.

학교에 등교하지 못하고 원격으로 수업을 합니다.

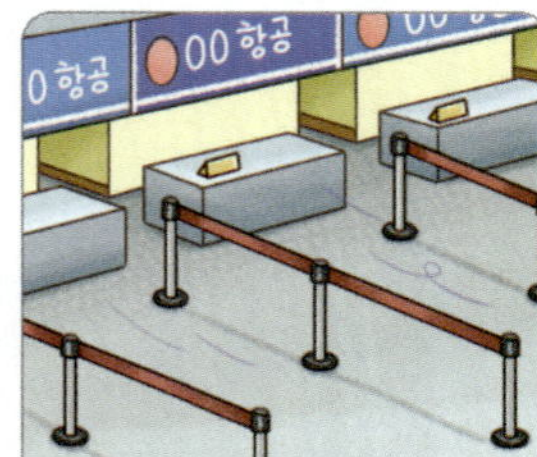

여행을 가지 못해 공항에 사람이 줄어듭니다.

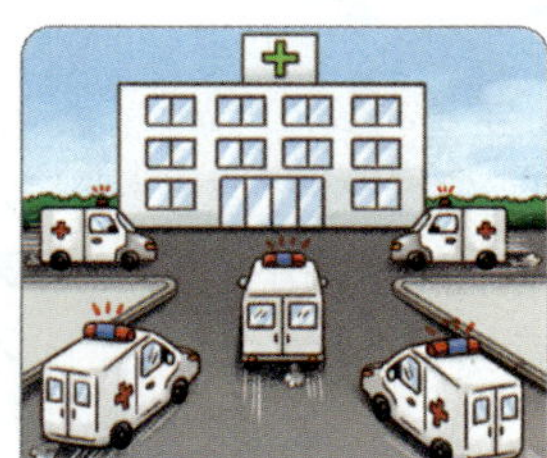

아픈 사람이 많아 병원이 붐빕니다.

여러 행사가 취소됩니다.

도서관과 같은 공공시설이 문을 닫습니다.

친구들과 만나서 놀지 못하고 집에서만 생활합니다.

손님이 없어서 가게들이 문을 닫습니다.

많은 사람이 식당에 모여 식사를 할 수 없습니다.

2 세계적으로 유행해서 많은 사람에게 피해를 주었던 감염병에 관해 이야기해 봅시다.

➡ 코로나19는 발생한 지 두 달 만에 전 세계로 퍼져서 많은 사람이 아팠습니다.

➡ 결핵은 오랫동안 전 세계 사람의 건강을 위협해 왔습니다.

정리 · 감염병이 위험한 까닭은 무엇일까요?

➡ 일상생활이 불편해지기 때문입니다.

➡ 몸이 아프고 생명이 위험할 수 있기 때문입니다.

➡ 짧은 시간 동안 많은 사람이 감염될 수 있기 때문입니다.

개념 이해하기

1 생활 속 감염병

① 감염병: ✓병원체가 몸에 들어와 걸리는 질병입니다.
② 감염병은 사람이 많이 모이는 장소에서 유행하기 쉽고, 종류가 다양합니다.

종류	몸에서 나타나는 증상
독감	• 기침과 열이 많이 나고, 목이나 코가 아픕니다. • 몸살이 나거나 추위를 느낍니다.
수두	피부에 붉은 물집이 생기고, 가렵습니다.
유행성 각결막염	눈이 빨개지고 가려우며, 눈곱이 낍니다.
식중독	배가 아프고, 설사나 구토를 합니다.
수족구병	입안과 손발에 물집이 생깁니다.
볼거리	볼이 붓고 볼에 통증이 나타납니다.
코로나19	• 열이 나거나 몸살이 납니다. • 목이나 코가 아프고 기침을 합니다.

• 독감과 감기는 원인이 되는 병원체, 증상이 모두 다른 질병입니다.

2 감염병의 위험성

① 감염병이 유행하면 일어나는 일: 일상생활이 불편해집니다.

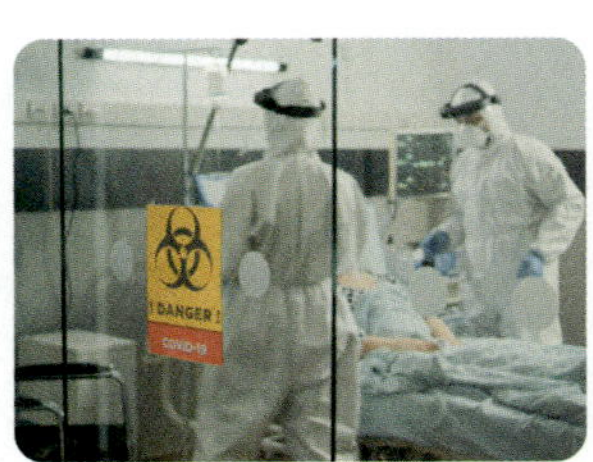

▲ 다른 사람에게 감염병을 옮길 수 있어서 격리됩니다.

▲ 학교에 등교하지 못하고 원격으로 수업을 합니다.

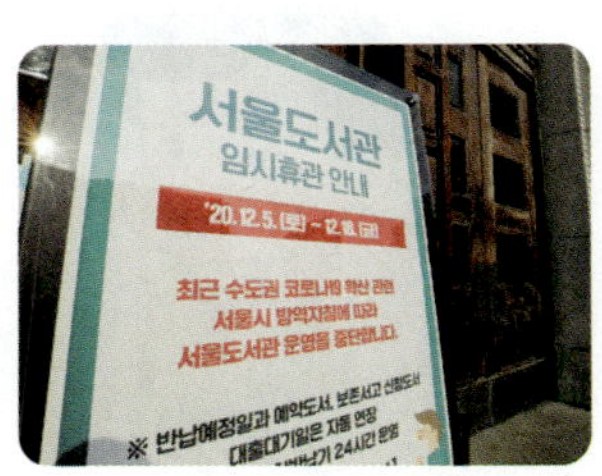

▲ 도서관과 같은 공공시설이 문을 닫습니다.

② 감염병이 위험한 까닭

• 다른 사람에게 감염병을 옮길 수 있기 때문입니다.
• 몸이 아플 뿐만 아니라 생명이 위험할 수 있기 때문입니다.

• 모든 감염병이 다른 사람에게 옮겨지는 것은 아닙니다. 파상풍처럼 다른 사람에게 옮겨지지 않는 감염병도 있습니다.

핵심 개념 확인하기

| 정답과 해설 • 13쪽

✔ 생활 속 ❶ ☐☐☐ : 병원체가 몸에 들어와 걸리는 질병입니다. ㉠ 독감, 수두, 유행성 각결막염 등

✔ 감염병의 ❷ ☐☐☐ : 감염병은 다른 사람에게 병을 옮길 수 있고, 몸이 아플 뿐만 아니라 ❸ ☐☐ 이 위험할 수 있습니다.

생활 속 감염병

1 다음에서 설명하는 것은 무엇인지 써 봅시다.

병원체가 몸에 들어와 걸리는 질병이다.

(   )

2 감염병이 <u>아닌</u> 것은 어느 것입니까? (   )

① 
▲ 독감

② 
▲ 골절

③ 
▲ 식중독

④ 
▲ 볼거리

⑤ 
▲ 유행성 각결막염

3 감염병과 감염병의 증상을 선으로 연결해 봅시다.

(1) 파상풍 •

(2) 결핵 •

• ㉠ 근육이 굳어진다.

• ㉡ 기침이 2주 이상 계속된다.

4 다음과 같이 수두에 걸렸을 때 나타나는 증상으로 옳은 것을 보기 에서 골라 기호를 써 봅시다.

보기
㉠ 눈이 빨개지고, 가렵다.
㉡ 배가 아프고, 설사나 구토를 한다.
㉢ 피부에 붉은 물집이 생기고, 가렵다.

(   )

❷ 감염병의 위험성

5 감염병의 위험성에 대해 <u>잘못</u> 설명한 사람의 이름을 써 봅시다.

• 승우: 감염병에 걸리면 몸이 아플 뿐만 아니라 생명이 위험할 수 있어.
• 한별: 감염병에 걸려도 일상생활은 평소와 똑같기 때문에 불편하지 않아.
• 재희: 감염병에 걸리면 다른 사람에게 감염병을 옮길 수 있어서 격리될 수 있어.

(   )

퀴즈로 마무리하기

• 다음은 입안과 손발에 물집이 생기는 증상이 있는 감염병에 걸린 모습입니다. 다음 글자판에서 글자를 가로나 세로로 연결하여 그림에 나타난 감염병의 이름에 ○표 해 봅시다.

병	독	결	핵
원	감	골	절
수	족	구	병
감	염	예	방

21 일차

여러 가지 감염 과정과 생활 습관

만화로 생각 열기

활동 1 **접촉을 통한 감염 과정 알아보기**

과정 및 결과

실험 동영상

➕ 또 다른 방법!

📖 미래엔

감염 붙임딱지를 붙인 술래가 다른 사람의 어깨를 두드리면 그 사람도 술래가 되어 감염 과정을 알아보는 활동을 할 수 있습니다.

📖 천재(정)

검은 망사 천에 물휴지를 접어 넣어 만든 감염 도장 한 개에만 수성 잉크를 묻힌 뒤, 서로 감염 도장을 맞대며 감염 과정을 알아보는 활동을 할 수 있습니다.

수성 잉크가 담긴 종이컵

1 학급 인원수만큼의 비닐장갑을 준비합니다. 비닐장갑 중 한 장갑에는 형광 로션을, 나머지 장갑에는 일반 로션을 짜 둡니다.

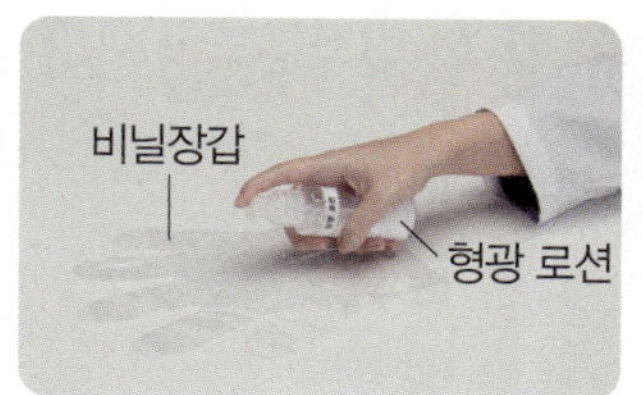

2 한 사람씩 장갑을 선택해 손에 끼고, 각자 5명의 친구를 만나 장갑을 낀 손으로 악수합니다.

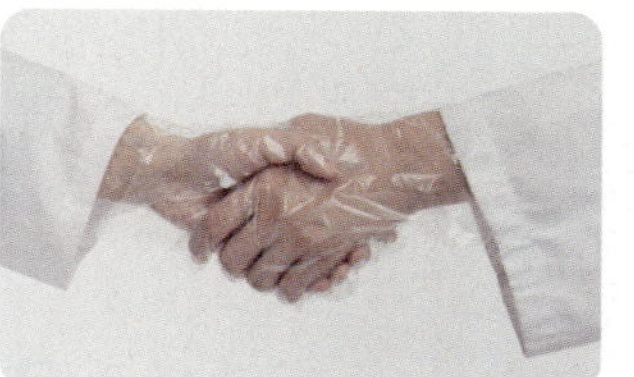

3 교실을 어둡게 한 뒤 자외선 손전등의 빛을 비추어 장갑을 확인하고, 이를 통해 알 수 있는 사실을 이야기해 봅시다.

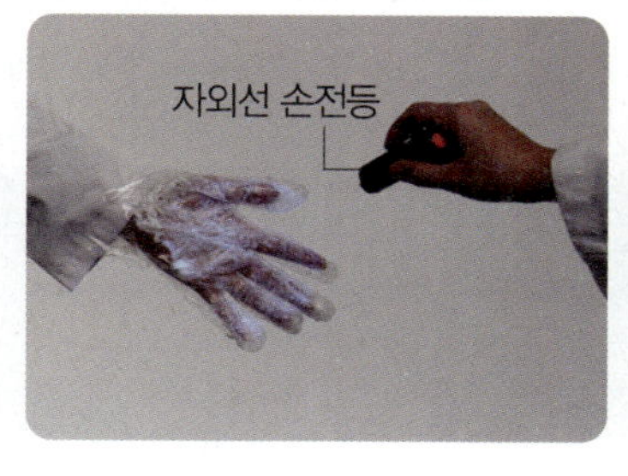

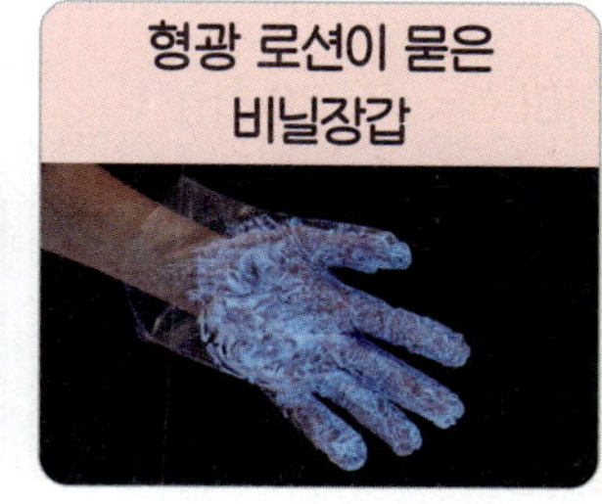

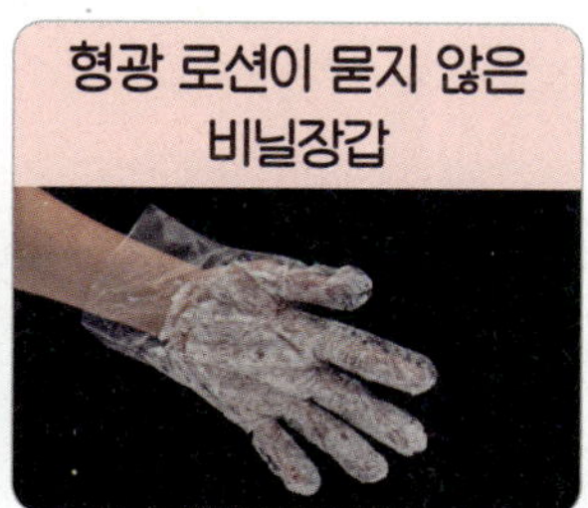

➡ 예 우리 반 전체 20명의 장갑 중 15명의 장갑이 밝게 빛났습니다.

➡ 악수를 하면서 형광 로션이 손에서 손으로 퍼지게 되었습니다.

4 활동 내용을 손을 접촉하여 감염되는 과정과 관련지어 봅시다.

> 대부분의 병원체는 크기가 매우 작아서 형광 로션처럼 맨눈으로는 볼 수 없습니다.

형광 로션	=	병원체
형광 로션이 다른 사람의 손에 닿는 것	=	병원체가 손을 통해 다른 사람에게 옮겨 가는 것

정리 내 손이 닿은 물건에 병원체가 묻어 있었다면 병원체는 우리 몸속으로 어떻게 들어올까요?

➡ 손을 씻지 않고 눈, 코, 입을 만지면 몸속으로 들어올 수 있습니다.

➡ 손을 씻지 않고 밥을 먹으면 입을 통해 몸속으로 들어올 수 있습니다.

📖 내 교과서 미래엔

활동 2 | 침방울(비말)을 통한 감염 과정 알아보기

과정 및 결과

실험 동영상

1 스크린에 색 도화지를 붙인 뒤 스크린으로부터 50 cm 떨어진 곳에서 분무기로 색 도화지를 향해 물을 세 번 뿌립니다. → 분무기로 물을 뿌릴 때에는 항상 같은 세기로 뿌립니다.

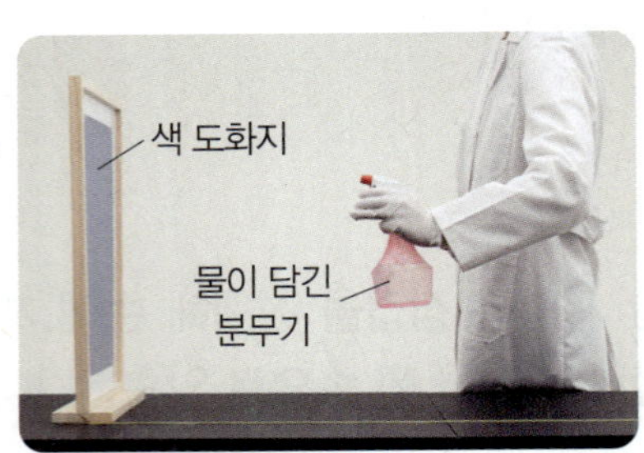

2 색 도화지에 물방울이 닿지 않을 때까지 스크린으로부터 거리를 50 cm씩 늘리면서 실험을 반복합니다. 이때 거리를 늘릴 때마다 색 도화지를 바꿔 붙입니다.

3 색 도화지에 물방울이 닿지 않는 거리는 얼마인지 정리해 봅시다.

거리	50 cm	100 cm	150 cm	200 cm
결과	▲ 물방울이 묻었습니다.	▲ 물방울이 묻었습니다.	▲ 물방울이 묻었습니다.	▲ 물방울이 묻지 않았습니다.

→ 예 물방울이 닿지 않는 거리는 150 cm와 200 cm 사이에 있습니다.

4 활동 내용을 기침이나 재채기로 튀어나오는 침방울로 감염되는 과정과 관련지어 봅시다.

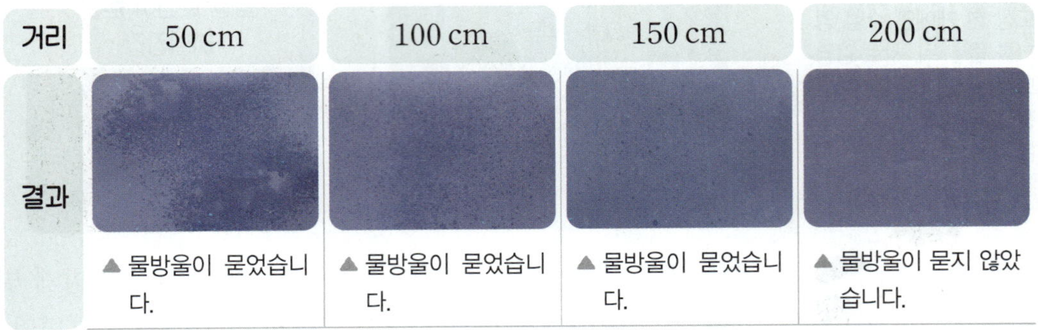

정리 분무기에서 나오는 물방울이 기침이나 재채기로 입에서 튀어나오는 침방울이라고 할 때, 이 실험으로 알 수 있는 사실은 무엇일까요?

→ 침방울이 생각보다 멀리까지 날아가 다른 사람에게 닿을 수 있습니다.

개념 이해하기

1 여러 가지 감염 과정

병원체는 접촉, ✔비말, 공기, 물, 침 등을 통해 사람에게 옮겨 가 감염병을 일으킵니다. → 진드기가 사람이나 동물의 피를 빨아 먹을 때 감염병을 옮기기도 합니다.

✔ **비말** 기침이나 말을 할 때 코나 입에서 나오는 작은 물방울

2 감염 과정과 생활 습관

① 감염 과정은 생활 습관과 관련이 있습니다. → 우리가 일상생활에서 무심코 갖는 생활 습관으로 감염병에 걸릴 수 있습니다.

씻지 않은 손으로 눈, 코, 입을 만지는 습관

접촉을 통한 감염
병원체가 묻어 있는 손으로 눈, 코, 입을 만지면 감염병에 걸릴 수 있습니다.

기침 예절을 지키지 않는 습관

비말을 통한 감염
입을 가리지 않고 기침을 하면 비말이 튀어 감염병에 걸릴 수 있습니다.

실내에서 환기를 하지 않는 습관

공기를 통한 감염
공기 중에 떠다니는 병원체가 눈, 코, 입으로 들어오면 감염병에 걸릴 수 있습니다.

오염된 물을 끓이지 않고 마시는 습관

물을 통한 감염
병원체에 오염된 물이 몸속으로 들어오면 감염병에 걸릴 수 있습니다.

한 접시에 있는 음식을 같이 먹는 습관

침을 통한 감염
침에 섞인 병원체가 몸속으로 들어오면 감염병에 걸릴 수 있습니다.

② 감염병에 걸릴 수 있는 잘못된 생활 습관을 고치지 않으면 감염병이 유행할 때 감염병에 걸리기 더 쉬워지고, 감염병이 더 크게 유행할 수 있습니다.

핵심 개념 확인하기

| 정답과 해설 • 14쪽

✔ **여러 가지** ❶ ☐☐ **과정**: 병원체는 ❷ ☐☐, 비말, 공기, 물, 침 등을 통해 사람에게 옮겨 가 감염병을 일으킵니다.

✔ **감염 과정과 생활 습관**: 감염 과정은 생활 습관과 관련이 ❸ ☐☐☐☐.

문제로 완성하기

[1~2] 다음은 감염 과정을 알아보기 위해 형광 로션을 짜 둔 장갑을 낀 사람과 일반 로션을 짜 둔 장갑을 낀 사람이 악수를 한 뒤, 장갑에 자외선 손전등을 비추는 모습입니다.

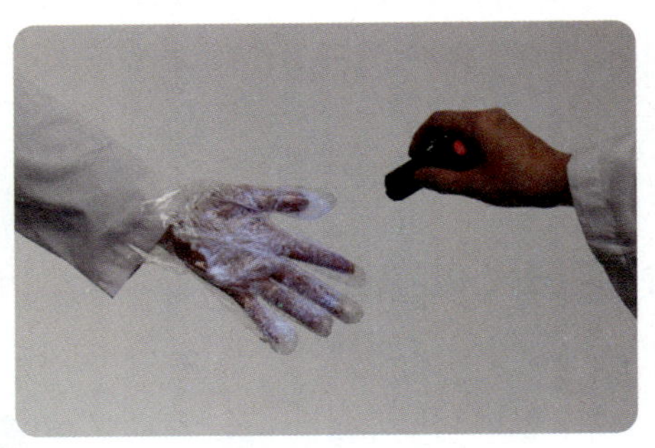

◉ 접촉을 통한
  감염 과정
  알아보기

1 다음은 위 실험 결과에 대한 설명입니다. (   ) 안의 알맞은 말에 ○표 해 봅시다.

> 형광 로션을 짜 둔 장갑을 낀 사람과 악수를 하면 악수를 한 사람의 장갑에 형광 로션이 (묻는다, 묻지 않는다).

2 위 실험으로 확인할 수 있는 감염 과정은 어느 것입니까?　　　　　　(　　　)
  ① 물　　　　　　　② 침　　　　　　　③ 접촉
  ④ 비말　　　　　　⑤ 공기

◉ 침방울(비말)을
  통한 감염 과정
  알아보기

3 다음은 색 도화지에 분무기로 물을 뿌리는 실험을 실제 감염 과정과 관련지어 설명한 것입니다. (   ) 안에 공통으로 들어갈 알맞은 말을 써 봅시다.

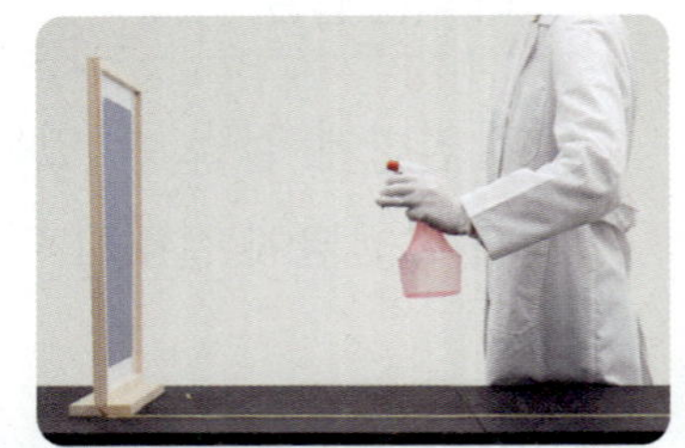

> 분무기에서 나오는 물방울을 기침이나 재채기로 입에서 나오는 (　　　)(이)라고 할 때, 색 도화지에 물방울이 닿는 것은 다른 사람에게 (　　　)이/가 닿는 것을 의미한다.

(　　　　　　　　)

◆ 여러 가지
  감염 과정

4 여러 가지 감염 과정에 대한 설명으로 옳은 것에 ○표, 옳지 **않은** 것에 ×표 해 봅시다.

(1) 공기 중에 떠다니는 병원체는 다른 사람에게 옮겨 갈 수 없다.　　　(　　　)

(2) 병원체는 여러 가지 감염 과정을 통해 다른 사람에게 옮겨 갈 수 있다.

　　　　　　　　　　　　　　　　　　　　　　　　　　　　(　　　)

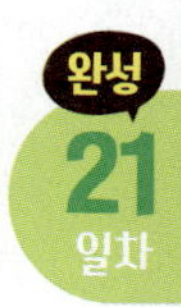

◆ 감염 과정과
  생활 습관

5 다음 생활 습관과 관련된 감염 과정을 선으로 연결해 봅시다.

(1) 
▲ 실내에서 환기를 하지
　않는 습관

(2) 
▲ 오염된 물을 끓이지
　않고 마시는 습관

· ㉠ 물을 통한 감염

· ㉡ 공기를 통한 감염

퀴즈 로 마무리하기

● 다음 □ 안에 들어갈 알맞은 낱말을 말 상자에서 찾아 모두 ○표 해 봅시다. 말 상자의 낱말은 가로, 세로, 대각선에 숨어 있습니다.

생	병	물	접
활	진	원	촉
습	기	드	체
관	침	코	눈
음	악	공	기

❶ 감염 과정은 □□□□과 관련이 있습니다.

❷ □□□가 묻은 손으로 눈, 코, 입을 만지면 감염병에 걸릴 수 있습니다.

❸ 입을 가리지 않고 □□을 하면 비말이 튀어 감염병에 걸릴 수 있습니다.

❹ □□ 중에 떠다니는 병원체가 눈, 코, 입으로 들어오면 감염병에 걸릴 수 있습니다.

22 일차

감염병으로부터 안전한 사회

만화로 생각 열기

📖 내 교과서 비상교육, 동아, 미래엔, 천재(이), 천재(정)

활동 감염병으로부터 안전한 사회를 만들기 위한 노력 알아보기

과정 및 결과

1 감염병으로부터 안전한 사회를 만들기 위한 다양한 노력을 조사해 봅시다.

개인	학교
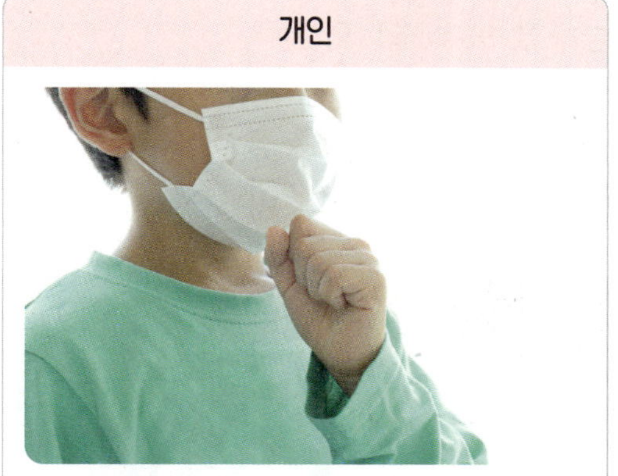	
손을 자주 씻고, 거리두기와 마스크 쓰기를 실천합니다.	학교 안에서 일어나는 감염병을 빠르게 발견하고 신속하게 대처하여 감염병 유행을 막습니다.
보건소나 병원	국가
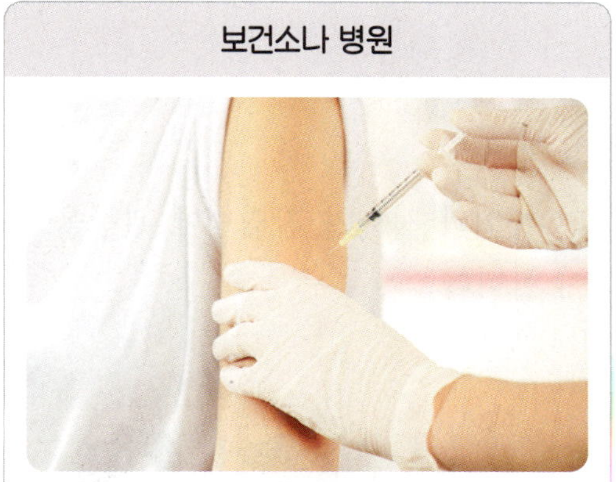	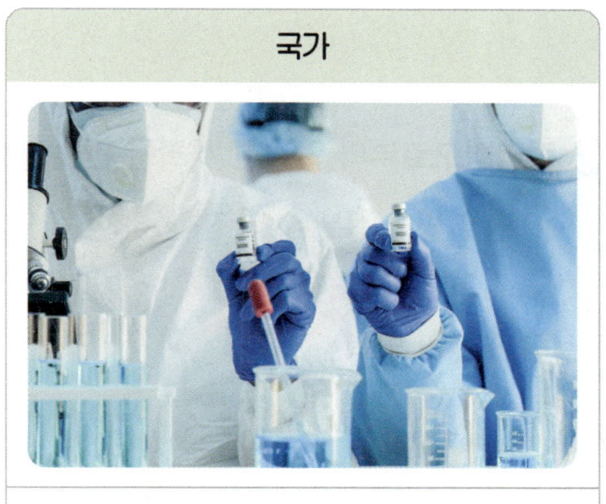
예방접종을 실시하여 지역에서 감염병이 확산되지 않도록 합니다.	감염병 백신이나 치료제를 개발합니다.

2 감염병으로부터 안전한 사회에 관심을 가져야 하는 까닭은 무엇일까요?

➡ 감염병이 유행하는 것을 막을 수 있기 때문입니다.

정리 감염병으로부터 안전한 사회를 만들기 위해 어떤 태도를 가져야 할까요?

➡ 감염병 예방을 위해 여러 사람들이 함께 노력해야 합니다.

➡ 감염병으로부터 안전한 사회에 관심을 갖고 적극적으로 참여해야 합니다.

1 감염병으로부터 안전한 사회의 모습

- 감염병에 걸려서 병원에 가는 환자가 줄어들어 아픈 사람들이 병원을 이용하기 쉬워집니다.
- 도서관과 같은 공공시설을 자유롭게 이용할 수 있습니다.
- 학교에 가서 선생님, 친구들과 함께 공부할 수 있습니다.
- 친구들과 함께 모여서 놀 수 있습니다.
- 식당에서 여러 사람들과 함께 음식을 먹을 수 있습니다.
- 가게가 문을 열고 손님들이 자유롭게 가게를 이용할 수 있습니다.

▲ 아픈 사람들이 병원을 이용하기 쉬워집니다.

▲ 도서관과 같은 공공시설을 자유롭게 이용할 수 있습니다.

▲ 친구들과 함께 모여서 놀 수 있습니다.

2 감염병으로부터 안전한 사회를 만들기 위한 노력

① 감염병으로부터 안전한 사회를 만들려면 개인과 사회가 감염병에 관심을 가지고 감염병이 유행하지 않도록 노력해야 합니다.

② 개인의 노력

- 자신의 건강을 자주 확인합니다.
- 손을 자주 씻고, 거리두기와 마스크 쓰기를 실천합니다.
- 감염병으로부터 안전한 사회에 관심을 가집니다.

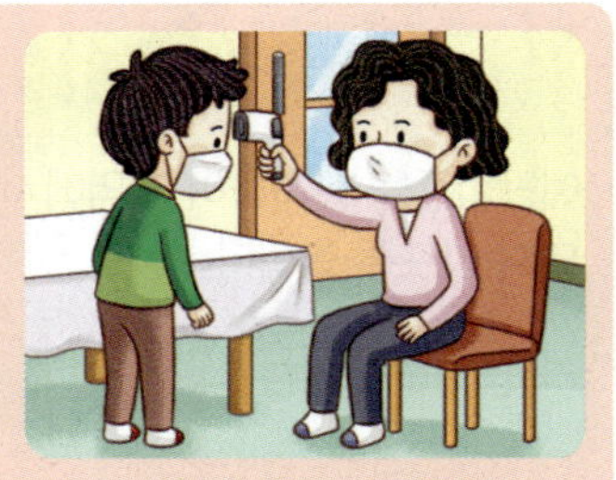
▲ 자신의 건강을 자주 확인하기

③ 사회의 노력

학교

- 감염병에 대한 예방 교육뿐만 아니라 올바른 인식과 실천 방법을 안내합니다.
- 학교 안에서 일어나는 감염병을 빠르게 발견하고 신속하게 대처하여 감염병 유행을 막습니다.

▲ 감염병 예방 교육을 실시하기

보건소나 병원

- 감염병에 신속하게 대응할 수 있는 의료 시설을 갖춥니다.
- 여러 가지 질병을 진료하거나 치료합니다.
- 해마다 유행하는 감염병에 대해 안내하고, 예방접종을 실시합니다.

▲ 감염병에 대응할 수 있는 의료 시설을 갖추기

▲ 여러 가지 질병을 진료하거나 치료하기

국가

- 감염병과 관련된 정보를 빠르고 정확하게 제공합니다.
- 감염병 백신이나 치료제를 개발합니다.
- 방역 정책을 실시하여 감염병이 퍼지는 것을 막습니다.

▲ 감염병 백신이나 치료제를 개발하기

▲ 방역 정책을 실시하기

핵심 개념 확인하기

| 정답과 해설 • 14쪽

✔ 감염병으로부터 ❶ ☐☐☐ 사회의 모습
- 감염병에 걸려서 병원에 가는 환자가 줄어들어 아픈 사람들이 병원을 이용하기 쉬워집니다.
- 도서관과 같은 공공시설을 자유롭게 이용할 수 있습니다.
- 학교에 가서 선생님, 친구들과 함께 공부할 수 있습니다.

✔ 감염병으로부터 안전한 사회를 만들기 위한 노력

구분	감염병으로부터 안전한 사회를 만들기 위한 노력
❷ ☐☐	• 자신의 건강을 자주 확인합니다. • 손을 자주 씻고, 거리두기와 마스크 쓰기를 실천합니다.
학교	• 감염병에 대한 예방 ❸ ☐☐ 뿐만 아니라 올바른 인식과 실천 방법을 안내합니다. • 학교 안에서 일어나는 감염병을 빠르게 발견하고 신속하게 대처하여 감염병 유행을 막습니다.
❹ ☐☐☐ 나 병원	• 여러 가지 질병을 진료하거나 치료합니다. • 해마다 유행하는 감염병에 대해 안내하고, 예방접종을 실시합니다.
국가	• 감염병 백신이나 치료제를 개발합니다. • ❺ ☐☐ 정책을 실시하여 감염병이 퍼지는 것을 막습니다.

1 감염병으로부터 안전한 사회에 대해 <u>잘못</u> 설명한 사람의 이름을 써 봅시다.

> • 하니: 감염병으로부터 안전한 사회에서는 친구들과 함께 모여 놀 수 있어.
> • 성진: 감염병으로부터 안전한 사회에서는 많은 사람이 식당에 모여 식사를 할 수 없어.
> • 아영: 감염병이 유행하는 것을 막기 위해 감염병으로부터 안전한 사회에 관심을 가져야 해.

(   )

2 감염병으로부터 안전한 사회의 모습으로 옳은 것은 어느 것입니까? (   )

① 

▲ 여러 행사가 취소됩니다.

② 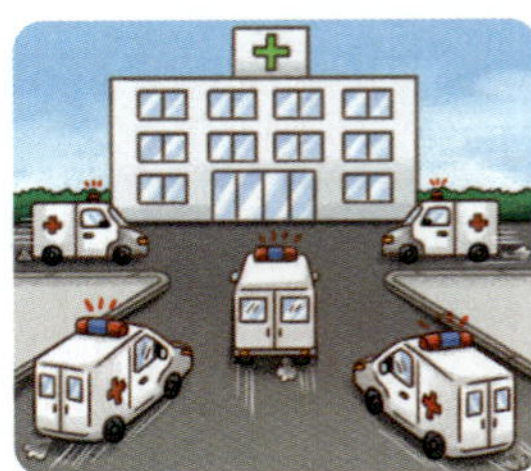
▲ 아픈 사람이 많아 병원이 붐빕니다.

③ 
▲ 도서관과 같은 공공시설을 자유롭게 이용할 수 있습니다.

④ 

▲ 손님이 없어서 가게들이 문을 닫습니다.

3 감염병으로부터 안전한 사회를 만들기 위한 노력으로 옳은 것에 ○표, 옳지 <u>않은</u> 것에 ×표 해 봅시다.

(1) 보건소나 병원은 여러 가지 질병을 진료하거나 치료한다. (   )

(2) 감염병으로부터 안전한 사회를 만들기 위해 개인이 노력할 필요는 없다.

(   )

(3) 학교는 감염병에 대한 예방 교육뿐만 아니라 올바른 인식과 실천 방법을 안내한다.

(   )

4 감염병으로부터 안전한 사회를 만들기 위한 개인의 노력으로 옳은 것을 보기 에서 골라 기호를 써 봅시다.

보기

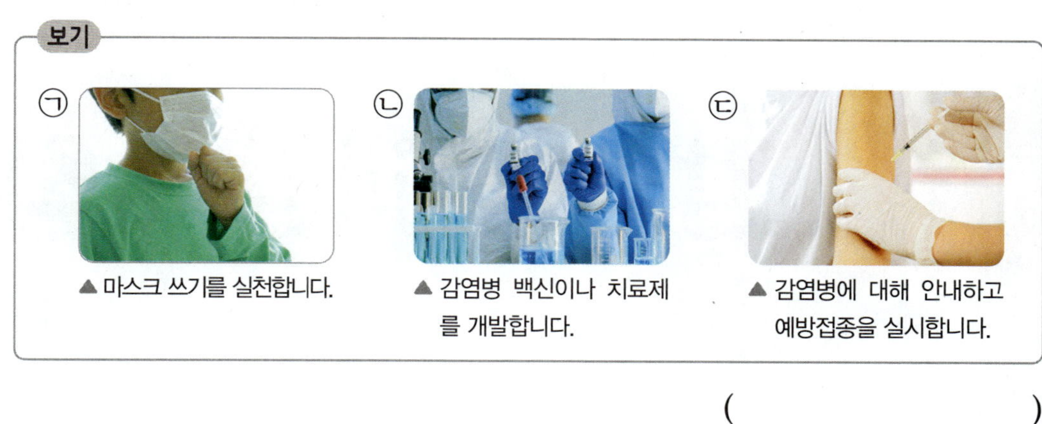

ⓐ ▲ 마스크 쓰기를 실천합니다.

ⓑ ▲ 감염병 백신이나 치료제를 개발합니다.

ⓒ ▲ 감염병에 대해 안내하고 예방접종을 실시합니다.

완성 22 일차

(   )

5 다음은 감염병으로부터 안전한 사회를 만들기 위한 노력에 대한 설명입니다. (   ) 안의 알맞은 말에 ○표 해 봅시다.

감염병으로부터 (안전한, 위험한) 사회를 만들려면 개인과 사회가 감염병에 관심을 가지고 감염병이 유행하지 않도록 노력해야 한다.

퀴즈 로 마무리하기 

● 감염병으로부터 안전한 사회를 만들기 위한 노력으로 옳은 설명이 적힌 카드를 골라 카드에 적힌 숫자를 모두 더하면 비밀번호가 나온다고 합니다. 비밀번호를 써 봅시다.

1 감염병과 관련된 정보를 제공하지 않습니다.

2 방역 정책을 실시하여 감염병이 퍼지는 것을 막습니다.

3 감염병에 신속하게 대응할 수 있는 의료 시설을 갖춥니다.

4 평소에는 자신의 건강에 관심을 갖지 않아도 됩니다.

5 해마다 유행하는 감염병에 대해 안내하고, 예방접종을 실시합니다.

23 일차

감염병 예방 수칙

만화로 생각 열기

활동 1 감염병 예방 방법 알아보기(손 씻기)

➕ 또 다른 방법!

📖 비상교육, 미래엔,
천재(이), 천재(정)

형광 로션(병원체)을 바른 뒤 손을 씻기 전과 깨끗하게 씻은 후 손의 얼룩을 손 세정 검사기로 비교하는 활동을 하는 방법도 있습니다.

1 표면 검사 키트의 면봉을 꺼내 손을 꼼꼼히 문지르고, 면봉을 다시 넣은 뒤 뚜껑을 닫아 가볍게 흔듭니다.

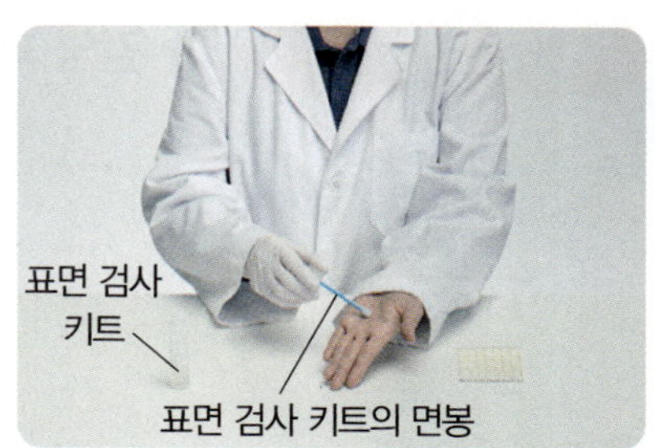

2 건조 필름 배지에 표면 검사 키트의 액체를 15방울 정도 떨어뜨린 뒤, 덮개를 덮고 누름판으로 누릅니다.

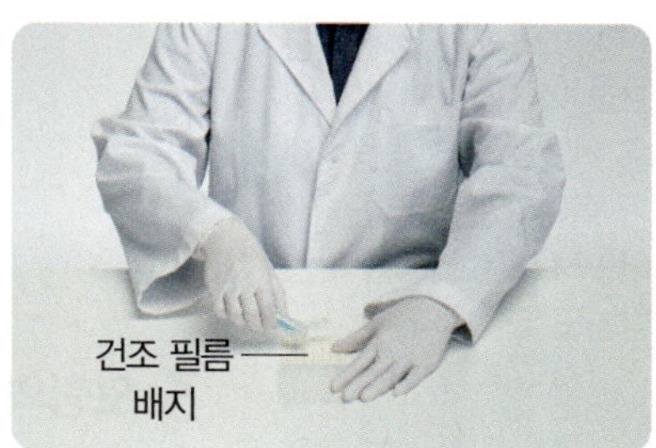

3 비누로 손을 깨끗이 씻은 다음, 새로운 건조 필름 배지와 표면 검사 키트를 사용해 과정 **1~2**를 반복합니다.

4 두 배지를 따뜻한 곳에 놓아두었다가, 3일 뒤 손을 씻기 전과 씻은 후의 배지가 어떻게 변했는지 비교해 봅시다.

손을 씻기 전의 배지	손을 씻은 후의 배지
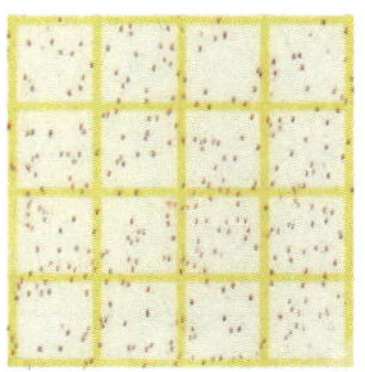	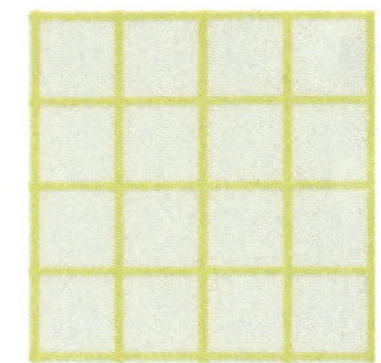
배지에 빨간 점이 많이 생겼습니다. ➡ 평소에 손이 오염되어 있다는 것을 알 수 있습니다.	배지에 빨간 점이 거의 보이지 않습니다. ➡ 손을 씻으면 손에 있는 병원체가 없어진다는 것을 알 수 있습니다.

정리 ▸ **손 씻기는 감염병을 예방하는 데 어떤 도움이 될까요?**

➡ 비누로 손을 씻으면 손에 있는 병원체를 없앨 수 있으므로, 감염병을 예방하는 데 도움이 됩니다.

 활동 2 ─ 감염병 예방 방법 알아보기(마스크 쓰기)

과정 및 결과

실험 동영상

➕ 또 다른 방법!

📖 지학사

비커의 입구를 각각 KF 인증 마스크와 면 손수건으로 막고, 비커 위에 식용 색소를 탄 물(병원체가 들어 있는 비말)을 떨어뜨려 보는 활동을 하는 방법도 있습니다.

▲ 마스크   ▲ 면 손수건

1 감염 과정 모형 펼친그림으로 모형을 만듭니다.

2 바이러스 모형을 접어 앞쪽에 세워 놓습니다.

3 모형의 5 cm 앞에서 휴대용 선풍기로 10초 동안 바람을 불어 넣고, 모형의 뒷부분에 모인 바이러스 모형의 수를 확인합니다.

4 마스크 모형을 접어 끼우고 과정 **3**을 반복합니다.

마스크 모형이 없을 때	마스크 모형을 끼웠을 때
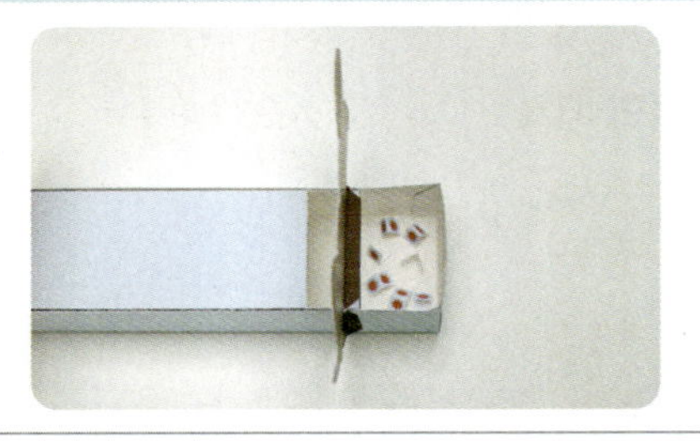	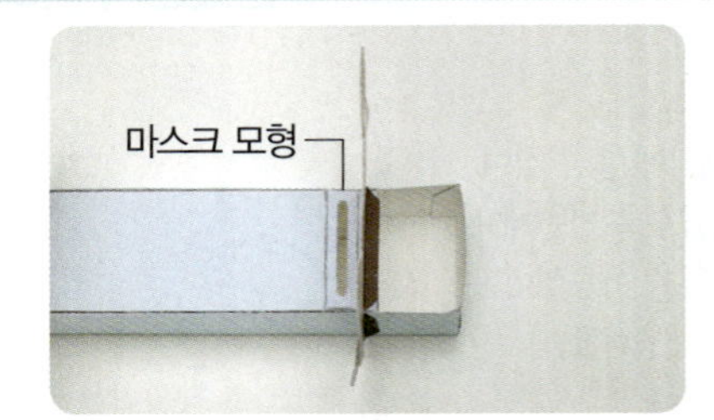
바이러스 모형이 7개 모였습니다.	바이러스 모형이 모이지 않았습니다.

➡ 마스크 모형을 끼웠을 때 뒷부분에서 더 적은 수의 바이러스 모형을 관찰할 수 있습니다.

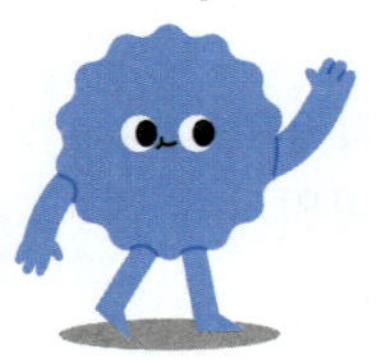

정리 ⦿ 마스크를 쓰는 것은 감염병 예방에 어떤 도움이 될까요?

➡ 마스크를 쓰면 병원체가 공기나 비말에 섞여서 들어오는 것을 막아 주므로, 감염병 예방에 도움이 됩니다.

개념 이해하기

1 감염병 예방 수칙

① 병원체를 막거나 없애 감염병을 예방하는 방법

흐르는 물에 비누로 30초 이상 손을 깨끗하게 씻습니다.

기침이나 재채기를 할 때에는 휴지나 옷소매로 입과 코를 가립니다.

감염병에 걸린 사람이 사용한 물건을 함께 사용하지 않습니다.

음식을 충분히 익혀 먹고, 상하기 쉬운 음식은 냉장고에 보관합니다.

깨끗한 물을 마십니다.

감염병이 유행할 때에는 마스크를 씁니다.

문과 창문을 열어 자주 환기합니다.

음식을 개인 접시에 덜어 먹습니다.

• 마스크는 입과 코가 완전히 가려지도록 쓰고, 내 얼굴에 알맞은 크기로 착용합니다.

② 건강 관리를 통해 감염병을 예방하는 방법

충분히 휴식을 취합니다.

규칙적으로 운동합니다.

음식을 골고루 먹습니다.

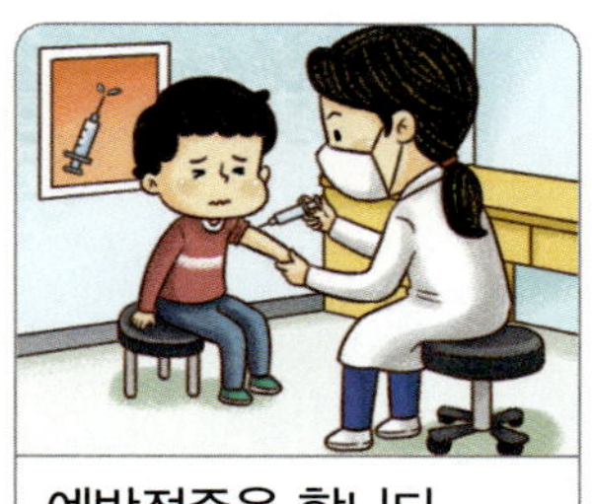

예방접종을 합니다.

2 감염병 예방 수칙 실천이 중요한 까닭

- 감염병에 걸리지 않을 수 있기 때문입니다.
- 안전하고 건강한 생활을 할 수 있기 때문입니다.

핵심 개념 확인하기

| 정답과 해설 • 14쪽

✔ 감염병 ❶ ☐☐ 수칙: 흐르는 물에 비누로 30초 이상 손 씻기, 감염병이 유행할 때에는 ❷ ☐☐☐ 쓰기, 문과 창문을 열어 자주 환기하기, 충분히 휴식 취하기 등이 있습니다.

✔ 감염병 예방 수칙 ❸ ☐☐ 이 중요한 까닭: 감염병에 걸리지 않을 수 있고, 안전하고 건강한 생활을 할 수 있기 때문입니다.

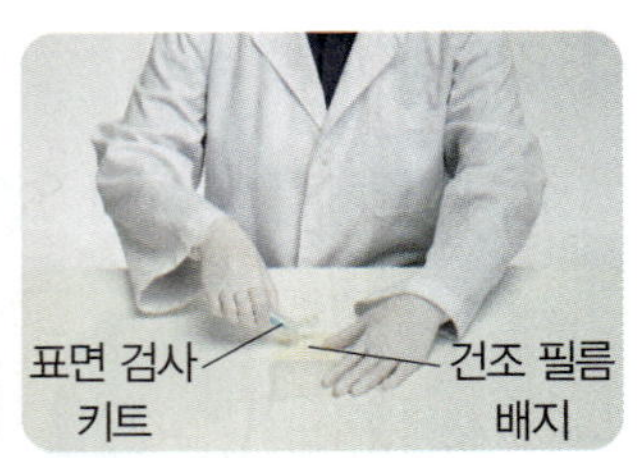

[1~2] 오른쪽은 비누로 손을 씻기 전과 씻은 후 손을 각각 면봉으로 문지르고, 면봉을 표면 검사 키트에 넣은 다음 표면 검사 키트의 액체를 건조 필름 배지에 떨어뜨리는 모습입니다.

◈ 감염병 예방 방법 알아보기 (손 씻기)

1 위 실험에서 두 배지를 따뜻한 곳에 놓아두었다가, 3일 뒤 확인하였을 때 손을 씻은 후의 건조 필름 배지의 모습으로 옳은 것을 골라 기호를 써 봅시다.

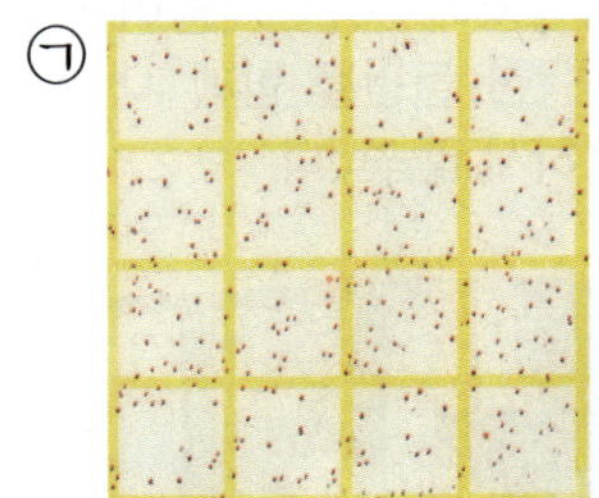

ㄱ   ㄴ

(   )

2 위 실험과 관련이 있는 감염병 예방 방법은 어느 것입니까? (   )

① 손 씻기　　　　② 마스크 쓰기　　　　③ 예방접종 하기
④ 깨끗한 물 마시기　　⑤ 규칙적으로 운동하기

◈ 감염병 예방 방법 알아보기 (마스크 쓰기)

3 다음은 감염 과정 모형에 휴대용 선풍기로 바람을 불어 넣는 모습입니다. 이 실험에 대한 설명으로 옳은 것을 보기 에서 골라 기호를 써 봅시다.

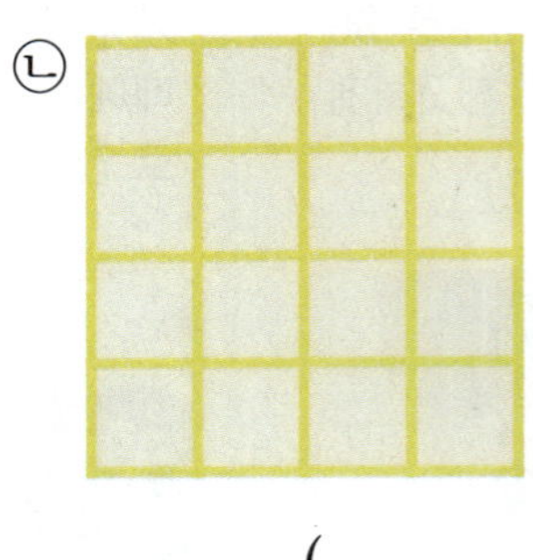

보기
ㄱ 마스크 모형와 상관없이 뒷부분에 바이러스 모형이 모이지 않는다.
ㄴ 마스크 모형이 없을 때 뒷부분에 더 많은 수의 바이러스 모형이 모인다.
ㄷ 마스크 모형을 끼웠을 때 뒷부분에 더 많은 수의 바이러스 모형이 모인다.

(   )

4 감염병 예방 수칙으로 옳지 <u>않은</u> 것은 어느 것입니까? (　　　)

① 
▲ 규칙적으로 운동합니다.

② 
▲ 오염된 물을 끓이지 않고 마십니다.

③ 
▲ 문과 창문을 열어 자주 환기합니다.

④ 
▲ 음식을 개인 접시에 덜어 먹습니다.

5 다음 (　　) 안에 알맞은 말을 써 봅시다.

> 감염병에 걸리지 않고, 안전하고 건강한 생활을 하기 위해서 감염병 (　　　) 수칙을 실천하는 것이 중요하다.

(　　　　　　　)

퀴즈로 마무리하기 

- 감염병 예방 수칙으로 옳은 설명이 적힌 징검돌만 밟아서 징검다리를 건너려고 합니다. 밟아야 하는 징검돌을 선으로 연결해 봅시다.

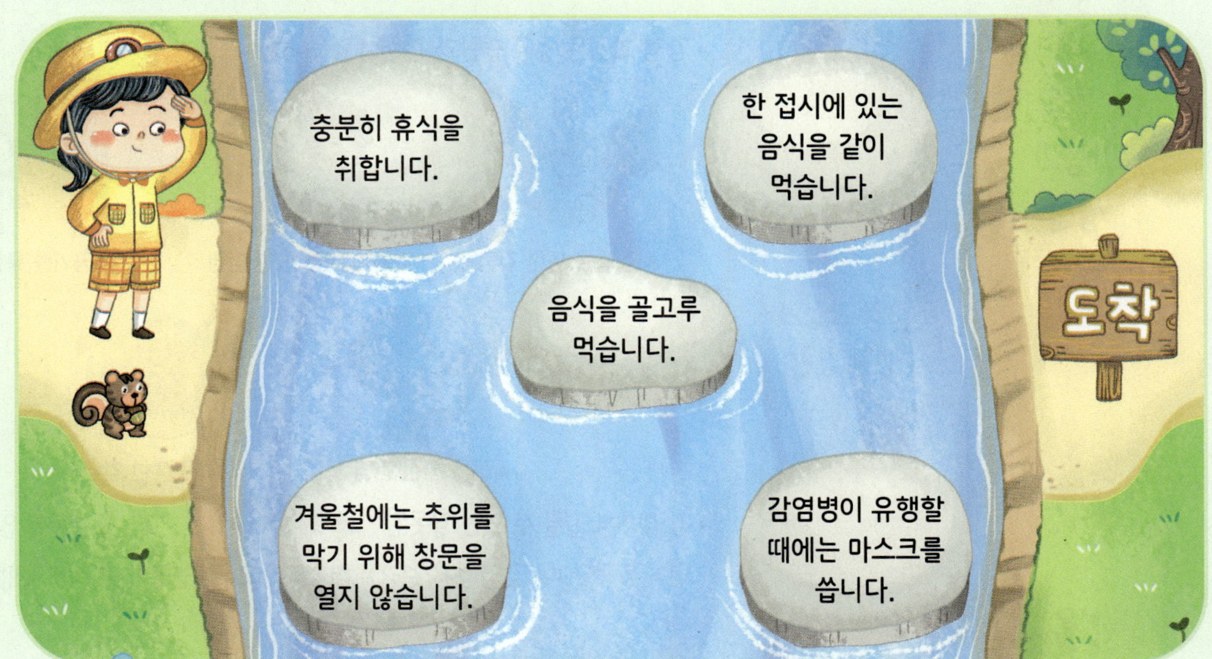

생각 그물 로 정리하기

● 다음 빈칸에 들어갈 내용을 써서 생각 그물을 완성해 보세요.

생활 속 감염병의 사례와 위험성

🕒 20일차

생활 속 감염병

❶ □□□ 은 병원체가 몸에 들어와 걸리는 질병입니다. ➡ 감염병은 사람이 많이 모이는 장소에서 유행하기 쉽고, 종류가 다양합니다.

⑩ 독감, 수두, 식중독 등

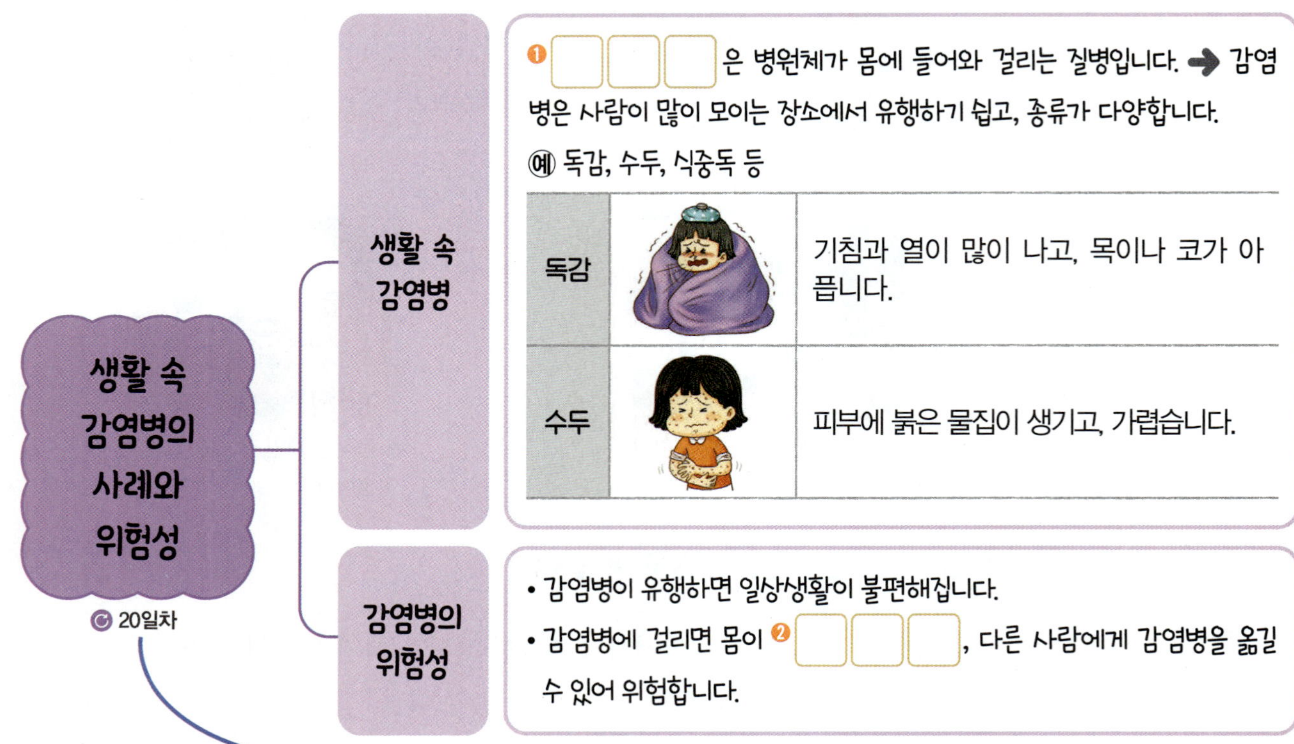

독감		기침과 열이 많이 나고, 목이나 코가 아픕니다.
수두		피부에 붉은 물집이 생기고, 가렵습니다.

감염병의 위험성

- 감염병이 유행하면 일상생활이 불편해집니다.
- 감염병에 걸리면 몸이 ❷ □□□, 다른 사람에게 감염병을 옮길 수 있어 위험합니다.

여러 가지 감염 과정과 생활 습관

🕒 21일차

여러 가지 감염 과정

감염병을 일으키는 병원체는 접촉, ❸ □□, 공기, 물, 침 등을 통해 사람에게 옮겨 가 감염병을 일으킵니다.

감염 과정과 생활 습관

- 감염 과정은 생활 습관과 관련이 있습니다.

▲ 접촉을 통한 감염

▲ 비말을 통한 감염

▲ 공기를 통한 감염

▲ 물을 통한 감염

▲ 침을 통한 감염

- 감염병에 걸릴 수 있는 잘못된 ❹ □□□□ 을 고치지 않으면 감염병이 유행할 때 감염병에 걸리기 더 쉬워지고, 감염병이 더 크게 유행할 수 있습니다.

감염병으로부터 안전한 사회

ⓒ 22일차

감염병으로부터 ❺ ☐☐☐ 사회의 모습

- 도서관 같은 공공시설을 자유롭게 이용할 수 있습니다.
- 친구들과 함께 모여서 놀 수 있습니다.
- 식당에서 여러 사람들과 함께 음식을 먹을 수 있습니다.

감염병으로부터 안전한 사회를 만들기 위한 노력

❻ ☐☐은 감염병에 관심을 가지고 자신의 건강을 자주 확인합니다.

보건소나 ❼ ☐☐은 감염병에 대응할 수 있는 의료 시설을 갖춥니다.

학교는 감염병에 대한 예방 교육을 실시합니다.

국가는 감염병 백신이나 치료제를 개발합니다.

24 일차

감염병과 건강한 생활

ⓒ 23일차

감염병 예방 수칙

흐르는 물에 비누로 30초 이상 손을 깨끗하게 씻습니다.

기침이나 재채기를 할 때에는 휴지나 옷소매로 입과 코를 가립니다.

문과 창문을 열어 자주 ❽ ☐☐합니다.

규칙적으로 ❾ ☐☐합니다.

➡ 감염병 ❿ ☐☐☐☐을 실천하면 감염병에 걸리지 않을 수 있고, 안전하고 건강한 생활을 할 수 있기 때문에 감염병 예방 수칙을 실천하는 것이 중요합니다.

◇중요◇

1 다음은 감염병에 대한 설명입니다. (   ) 안의 알맞은 말에 ○표 해 봅시다.

> 감염병은 사람이 (많이, 조금) 모이는 장소에서 유행하기 쉽고, 종류가 다양하다.

2 감염병과 관련된 상황으로 옳은 것은 어느 것입니까?   (   )

① 뜨거운 물에 데여 화상을 입었다.
② 겨울철에 유행하는 독감에 걸렸다.
③ 계단에서 넘어져서 무릎에 멍이 들었다.
④ 축구를 하다가 넘어져 팔이 골절되었다.
⑤ 추운 곳에 오랜 시간 있었더니 손발에 동상이 걸렸다.

3 감염병과 감염병의 증상을 짝 지은 것으로 옳지 <u>않은</u> 것은 어느 것입니까?   (   )

	감염병	증상
①	수두	피부에 붉은 물집이 생긴다.
②	파상풍	입안과 손발에 물집이 생긴다.
③	식중독	배가 아프고 설사나 구토를 한다.
④	볼거리	볼이 붓고 볼에 통증이 나타난다.
⑤	코로나19	목이나 코가 아프고 기침을 한다.

4 다음과 같은 증상이 있는 감염병은 어느 것입니까?   (   )

> • 눈곱이 낀다.
> • 눈이 빨개지고 가렵다.

① 
▲ 결핵

② 
▲ 무좀

③ 
▲ 수족구병

④ 
▲ 유행성 각결막염

5 감염병의 위험성을 옳게 설명한 사람을 골라 이름을 써 봅시다.

> • 은하: 감염병이 유행해도 일상생활은 불편함이 없어.
> • 수민: 감염병이 유행하면 학교에 등교하지 못해 원격으로 수업을 받아야 해.
> • 재희: 감염병이 유행해도 도서관과 같은 공공시설을 자유롭게 이용할 수 있어.

(   )

6 다음은 접촉을 통한 감염 과정을 알아보기 위한 형광 로션 실험 결과에 대한 설명입니다. ( ) 안에 공통으로 들어갈 알맞은 말을 써 봅시다.

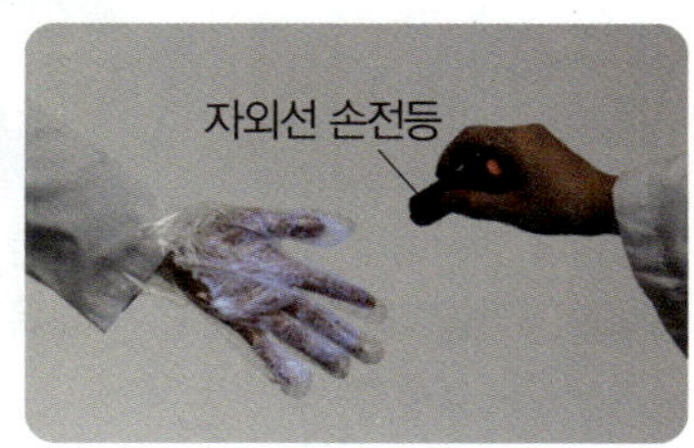

악수를 하면서 형광 로션이 (   )에서 (   )(으)로 퍼지게 되었다.

(   )

7 다음은 색 도화지까지의 거리를 늘리면서 분무기로 물을 뿌리는 모습입니다. 분무기에서 나오는 물방울이 침방울이라고 할 때, 이 실험에 대한 설명으로 옳은 것을 보기 에서 골라 기호를 써 봅시다.

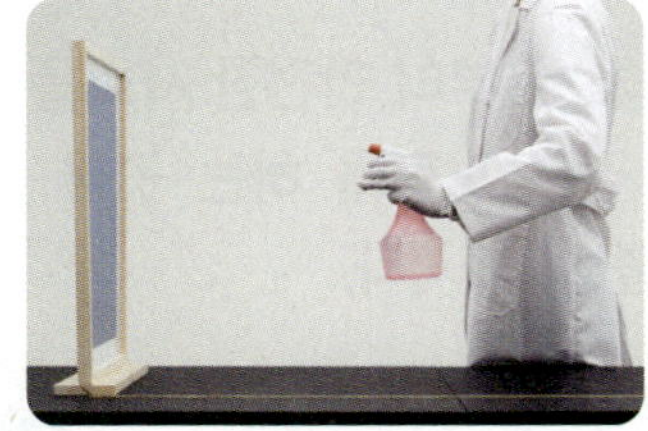

보기

㉠ 접촉을 통한 감염 과정을 알아보는 실험이다.
㉡ 실험 결과 침방울이 멀리까지 날아가는 것을 알 수 있다.
㉢ 분무기와 색 도화지까지의 거리가 가장 가까울 때에 색 도화지에 물방울이 가장 적게 묻는다.

(   )

8 다음 상황은 여러 가지 감염 과정 중 어떤 감염 과정으로 인한 감염인지 써 봅시다.

볼거리에 걸린 친구와 한 접시에 있는 음식을 같이 먹고 나도 볼거리에 걸렸다.

중요

9 공기를 통한 감염 과정과 관련된 생활 습관은 어느 것입니까? (   )

① 
▲ 오염된 물을 끓이지 않고 마시는 습관

② 
▲ 씻지 않은 손으로 눈, 코, 입을 만지는 습관

③ 
▲ 기침 예절을 지키지 않는 습관

④ 
▲ 실내 환기를 하지 않는 습관

10 다음은 여러 가지 감염 과정에 대한 설명입니다. ( ) 안에 알맞은 말을 써 봅시다.

> 병원체가 묻어 있는 손으로 눈, 코, 입을 만져 감염병에 걸리는 것은 ( )을/를 통한 감염 과정이다.

( )

중요
11 다음은 감염병과 생활 습관에 대한 설명입니다. ( ) 안의 알맞은 말에 ○표 해 봅시다.

> 감염병에 걸릴 수 있는 잘못된 생활 습관을 고치지 않으면 감염병이 유행할 때 감염병에 걸리기 더 ㉠ (쉬워지고, 어려워지고) 감염병이 더 ㉡ (작게, 크게) 유행할 수 있다.

12 감염병으로부터 안전한 사회의 모습으로 옳지 <u>않은</u> 것은 어느 것입니까? ( )

① 친구들과 함께 모여서 놀 수 있다.
② 감염병에 걸려서 병원에 가는 환자가 늘어난다.
③ 학교에 가서 선생님, 친구들과 함께 공부할 수 있다.
④ 식당에서 여러 사람들과 함께 음식을 먹을 수 있다.
⑤ 가게가 문을 열고 손님들이 자유롭게 가게를 이용할 수 있다.

13 감염병으로부터 안전한 사회를 만들기 위한 노력 중 학교의 노력을 골라 기호를 써 봅시다.

▲ 감염병 백신이나 치료제를 개발합니다.　▲ 감염병에 대한 예방 교육을 실시합니다.

( )

서술형
14 감염병으로부터 안전한 사회를 만들기 위한 개인의 노력을 <u>두 가지</u> 써 봅시다.

____

____

15 감염병으로부터 안전한 사회를 만들기 위해 다음과 같은 노력을 하는 곳을 보기 에서 골라 기호를 써 봅시다.

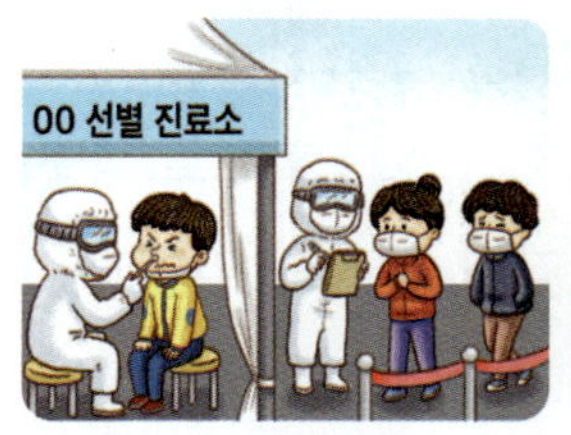

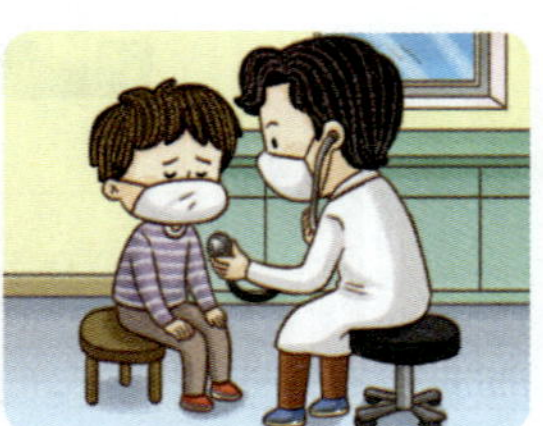

▲ 감염병에 대응할 수 있는 의료 시설을 갖춥니다.　▲ 여러 가지 질병을 진료하거나 치료합니다.

> **보기**
> ㉠ 집　　　　㉡ 학교
> ㉢ 개인　　　㉣ 보건소나 병원

( )

16 다음은 비누로 손을 씻기 전과 손을 씻은 후의 배지를 비교하여 알 수 있는 사실에 대한 설명입니다. ( ) 안에 알맞은 말을 써 봅시다.

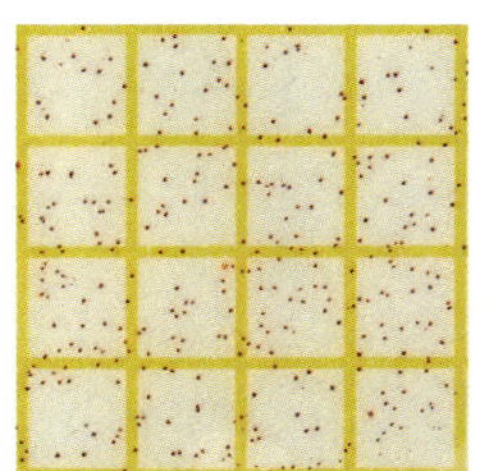
▲ 손을 씻기 전의 배지

▲ 손을 씻은 후의 배지

> 비누로 손을 씻으면 손에 있는 (　　　)을/를 없앨 수 있으므로, 감염병을 예방하는 데 도움이 된다.

(　　　　　　　　　)

[17~18] 다음은 감염 과정 모형에 휴대용 선풍기로 바람을 불어 넣는 모습입니다.

17 위 실험에서 마스크 모형을 끼웠을 때 뒷부분에 모인 바이러스 모형의 수를 확인한 결과를 골라 기호를 써 봅시다.

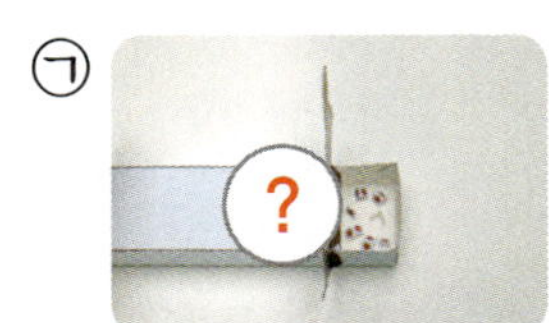

ㄱ

▲ 바이러스 모형이 모였습니다.

ㄴ
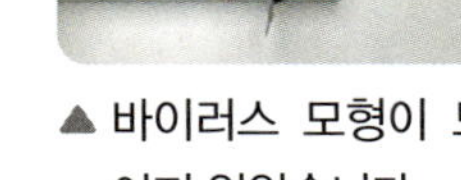
▲ 바이러스 모형이 모이지 않았습니다.

(　　　　　　　　　)

18 앞 실험과 관련이 있는 감염병 예방 수칙을 써 봅시다.

____

____

19 감염병 예방 수칙으로 옳은 것을 보기 에서 **두 가지** 골라 기호를 써 봅시다.

> 보기
> ㉠ 깨끗한 물을 마신다.
> ㉡ 익지 않은 음식을 먹는다.
> ㉢ 문과 창문을 열어 자주 환기한다.
> ㉣ 기침할 때에는 입과 코를 가리지 않는다.

(　　　　　　　　　)

중요
20 감염병에 대한 설명으로 옳은 것은 어느 것입니까? (　　　)

① 감염병은 접촉을 통해서만 걸린다.
② 외출 후 손이 깨끗해 보이면 손을 씻을 필요가 없다.
③ 건강할 때에는 예방접종을 하여 건강 관리를 할 필요가 없다.
④ 모든 감염병은 퍼지는 속도가 느리기 때문에 위험하지 않다.
⑤ 감염병이 크게 유행하면 감염병에 걸리지 않은 사람도 일상생활에 불편함을 겪는다.

MEMO

생생한 과학의 즐거움!
과학은 역시!

과학은 역시 오투!!

오투 정답과 해설

초등과학

3·2

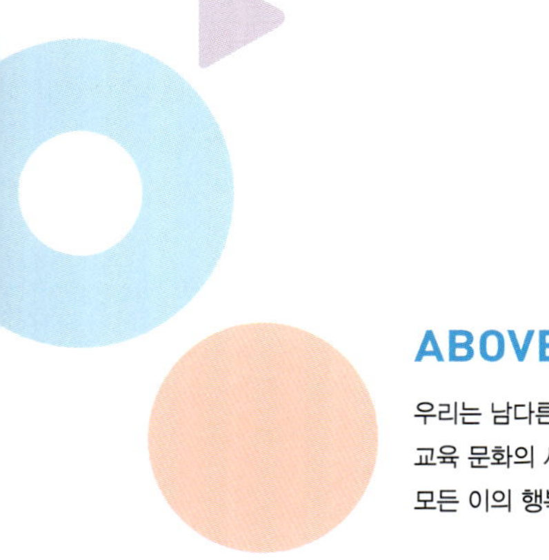

ABOVE IMAGINATION

우리는 남다른 상상과 혁신으로
교육 문화의 새로운 전형을 만들어
모든 이의 행복한 경험과 성장에 기여한다

오투 정답과 해설

초등과학

3·2

1. 물체와 물질

01일차 　물체를 이루는 물질의 성질

핵심 개념 확인하기　11쪽

❶ 물체　❷ 물질　❸ 금속
❹ 투명　❺ 고무

문제로 완성하기　12~13쪽

1 서윤　2 (1)-ⓒ (2)-㉠ (3)-ⓒ
3 단단한 정도　4 ⑤　　5 ②

퀴즈로 마무리하기

유	종	고	플
이	리	무	라
가	나	금	스
죽	속	다	틱

1 물체를 만들 때 필요한 재료가 물질이고, 나무로 만든 의자에서 의자는 물체, 나무는 물질입니다.

2 유리컵은 유리, 아령은 금속, 나무 도마는 나무로 만들어진 물체입니다.

3 판을 서로 긁었을 때 잘 긁히지 않는 판이 더 단단합니다.

4 물에 뜨는 판을 이루고 있는 물질은 플라스틱과 나무이고, 물에 가라앉는 판을 이루고 있는 물질은 금속과 유리입니다.

오답 바로잡기

① 나무는 물에 젖어 가라앉는다.
↳ 나무는 물에 뜹니다.
② 모든 물질은 물에 뜨는 정도가 같다.
↳ 물에 뜨는 물질과 물에 가라앉는 물질이 있으므로, 물질에 따라 물에 뜨는 정도가 같지 않습니다.
③ 플라스틱과 유리는 물에 뜨는 정도가 같다.
↳ 플라스틱은 물에 뜨지만, 유리는 물에 가라앉습니다.
④ 금속과 나무는 물에 뜨는 판을 이루고 있는 물질이다.
↳ 물에 뜨는 판을 이루고 있는 물질은 나무와 플라스틱입니다.

5 금속보다 가볍고 물에 뜨며 고유한 향과 무늬가 있는 물질은 나무입니다.

02일차 　물질의 종류에 따른 물체의 분류

핵심 개념 확인하기　17쪽

❶ 물질　❷ 나무　❸ 유리
❹ 금속　❺ 플라스틱

문제로 완성하기　18~19쪽

1 (1) ○ (2) ×　　　2 고무
3 ③　　　4 나무 도마　5 ②

퀴즈로 마무리하기

1 어항을 만드는 재료는 유리, 고리를 만드는 재료는 금속이므로 어항은 유리, 고리는 금속으로 분류합니다.

2 타이어, 풍선, 지우개는 고무로 만들어진 물체입니다.

3 손톱깎이, 집게, 아령, 금속 캔은 금속으로 만들어진 물체이고, 빗은 플라스틱으로 만들어진 물체입니다.

4 나무 도마는 나무로 이루어진 물체이므로 플라스틱 종류가 아닙니다.

5 가위의 날(㉠)과 같이 금속으로 만들어진 물체는 철 클립입니다.

03일차 　여러 가지 물질의 상태(1)

핵심 개념 확인하기　23쪽

❶ 모양　❷ 부피　❸ 있
❹ 없　❺ 용기

1 ㄹ   **2** 고체   **3** 연우
4 ⑤   **5** ㄴ

퀴즈로 마무리하기

고체

1 나무 막대와 플라스틱 막대는 여러 가지 모양의 용기에 옮겨 담아도 모양과 부피가 변하지 않습니다.

2 고체는 담는 용기가 바뀌어도 모양과 부피가 변하지 않습니다.

3 물과 주스는 모두 눈으로 볼 수 있고, 흘러내려 손으로 잡을 수 없습니다.

4 액체는 담는 용기에 따라 모양은 변하지만, 부피는 변하지 않는 물질의 상태입니다.

오답 바로잡기

① 모두 투명하다.
↳ 투명한 액체도 있고 불투명한 액체도 있습니다.
② 눈으로 볼 수 없다.
↳ 액체는 눈으로 볼 수 있습니다.
③ 담은 용기를 기울여도 모양은 일정하다.
↳ 담은 용기를 기울이면 액체의 모양이 변합니다.
④ 담는 용기가 바뀌어도 모양이 변하지 않는다.
↳ 담는 용기의 모양에 따라 액체의 모양이 변합니다.

5 액체인 우유는 담는 용기에 따라 모양이 변하지만, 부피는 변하지 않습니다. 고체인 블록과 나무 도마는 담는 용기가 바뀌어도 모양과 부피가 변하지 않습니다.

04일차   여러 가지 물질의 상태(2)

핵심 개념 확인하기   29쪽

❶ 모양   ❷ 공간   ❸ 가득
❹ 기체   ❺ 고체

---

1 (1) ○ (2) × (3) ○   **2** ②, ⑤
3 ㉢   **4** 준우   **5** ②

퀴즈로 마무리하기

8

1 기체는 눈으로 볼 수 없고 손으로 잡을 수도 없습니다. 또한 담는 용기에 따라 모양이 변합니다.

2 구멍이 뚫리지 않은 플라스틱 컵을 수조 바닥까지 밀어 넣으면 기체가 공간을 차지하고 있기 때문에 컵 안의 기체가 페트병 뚜껑과 물을 밀어내어 수조 안 물의 높이가 높아지고 페트병 뚜껑이 아래로 내려갑니다.

3 바닥에 구멍이 뚫린 컵으로 물에 띄운 페트병 뚜껑을 덮고 밀어 넣으면 컵 안에 있던 공기가 구멍으로 빠져나가 물이 컵 안으로 들어갑니다. 따라서 수조 안 물의 높이는 변하지 않습니다.

4 풍선에 공기를 넣으면 풍선의 모양에 따라 다양한 모양으로 부풀어 오르므로 담긴 용기의 모양에 따라 공기의 모양이 다릅니다. 이 실험으로는 기체가 무게가 있는지 알 수 없습니다.

오답 바로잡기

선재: 기체는 무게가 없어.
↳ 이 실험으로 알 수 없습니다.
현아: 기체는 담는 용기가 달라져도 모양이 변하지 않아.
↳ 기체는 담는 용기가 달라지면 모양도 달라집니다.

5 축구공 안의 공기는 기체입니다.

05일차   물질의 성질을 이용한 물체

핵심 개념 확인하기   35쪽

❶ 흐르는   ❷ 공간   ❸ 금속
❹ 플라스틱   ❺ 고무

1 (1)-ⓒ (2)-ⓛ (3)-ⓣ   **2** 연우
3 (1) × (2) ○ (3) ○   **4** ④
5 성질

퀴즈로 **마무리하기**

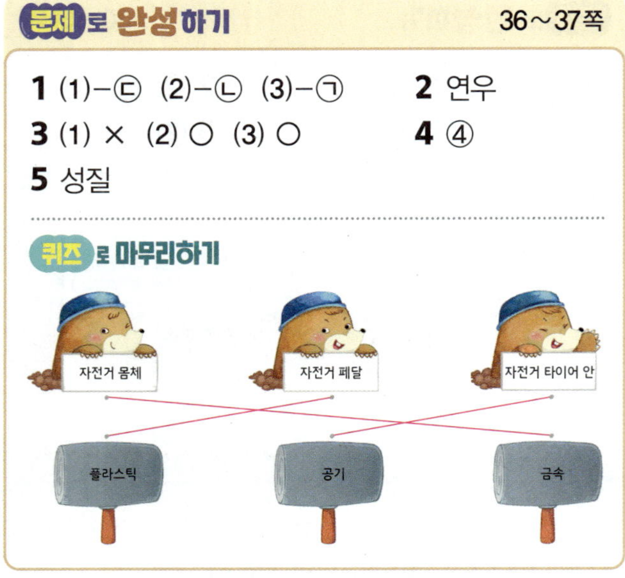

1 물의 흐르는 성질을 이용하여 인공 폭포를 만들고, 플라스틱의 가볍고 여러 가지 모양으로 만들 수 있는 성질을 이용하여 탁자와 의자를 만듭니다. 또 공기의 공간을 차지하는 성질을 이용하여 공기 침대를 만듭니다.

2 공원의 의자는 금속의 단단한 성질을 이용하였습니다.

3 ㉠ 의자 다리는 잘 부러지지 않고 튼튼하도록 금속으로 만듭니다. ㉡ 책상 받침은 바닥이 긁히는 것을 방지하기 위해 플라스틱으로 만듭니다. ㉢ 상판은 가볍고 단단하도록 나무로 만듭니다.

4 자전거 몸체는 튼튼하고 잘 부서지지 않도록 다른 물질보다 단단한 금속으로 만듭니다.

오답 바로잡기

① 페달은 튼튼해야 하므로 유리로 만든다.
↳ 페달은 가볍고 튼튼해야 하므로 플라스틱으로 만듭니다.
② 손잡이는 잘 미끄러지도록 금속으로 만든다.
↳ 손잡이는 부드럽고 미끄러지지 않도록 고무나 플라스틱으로 만듭니다.
③ 안장은 질기고 부드러워야 하므로 플라스틱으로 만든다.
↳ 안장은 질기고 부드러워야 하므로 가죽으로 만듭니다.
⑤ 타이어는 충격을 잘 흡수해야 하므로 빨리 원래 모습으로 돌아오는 유리로 만든다.
↳ 타이어는 충격을 잘 흡수해야 하므로 고무로 만듭니다.

5 물질마다 성질이 다르므로 물체의 쓰임새에 알맞은 물질의 성질을 이용하여 다양한 물체를 만들 수 있습니다.

---

❶ 물질   ❷ 물체   ❸ 있
❹ 모양   ❺ 없   ❻ 부피
❼ 공간   ❽ 이동   ❾ 성질
❿ 쓰임새

1 ④   **2** (1)-ⓒ (2)-ⓣ (3)-ⓛ
3 ①   **4** ⓒ   **5** 준우
6 (모범 답안) 나무 막대는 담는 용기가 바뀌어도 막대의 모양과 부피가 변하지 않는다.
7 ②   **8** ⓒ   **9** ③
10 같다   **11** ④   **12** ④
13 ②   **14** 공기
15 (모범 답안) 기체는 담는 용기에 따라 모양이 변하고, 담긴 용기를 가득 채운다.
16 ①   **17** 지아
18 플라스틱, (모범 답안) 바닥이 긁히는 것을 줄여 준다.
19 ②   **20** ⓛ

1 나무 도마와 나무 주걱은 나무로 이루어져 있습니다.

오답 바로잡기

① 빗, 옷
↳ 빗은 플라스틱, 옷은 섬유로 이루어져 있습니다.
② 금속 집게, 고무공
↳ 금속 집게는 금속, 고무공은 고무로 이루어져 있습니다.
③ 아령, 타이어
↳ 아령은 금속, 타이어는 고무로 이루어져 있습니다.
⑤ 고무풍선, 어항
↳ 고무풍선은 고무, 어항은 유리로 이루어져 있습니다.

2 유리는 투명하고 잘 깨지며, 금속은 광택이 있고 단단합니다. 나무는 고유한 향과 무늬가 있습니다.

3 서로 긁었을 때 잘 긁히지 않는 판이 더 단단하므로 금속이 나무보다 단단하다는 것을 알 수 있습니다. 물에 뜨는 물체가 모두 나무로 만들어진 것은 아닙니다.

4 플라스틱으로 만든 바구니는 가벼우면서도 단단하고, 다양한 색깔과 모양으로 만들어 사용할 수 있습니다. ㉠은 금속, ㉡은 나무, ㉣은 유리로 만들어졌습니다.

5 나무 도막과 같은 고체는 모양과 부피가 변하지 않으므로, 나무 도막보다 입구가 작은 삼각 플라스크에 넣을 수 없습니다.

6 나무 막대를 여러 가지 모양의 용기에 옮겨 담아도 모양과 부피가 변하지 않습니다. 이와 같은 물질의 상태를 고체라고 합니다.

채점 기준	
상	담는 용기가 바뀌어도 막대의 모양과 부피가 변하지 않는다고 옳게 썼다.
하	나무 막대의 모양이나 부피 변화 중 한 가지만 옳게 썼다.

7 나무 도마는 나무로 이루어져 있으므로 나무 막대와 물질의 종류가 같습니다. 금속 캔은 금속으로, 유리 그릇은 유리로, 타이어는 고무로, 빗은 플라스틱으로 이루어져 있습니다.

8 고체는 담는 용기의 모양이 달라져도 모양과 부피가 변하지 않습니다. 액체는 담는 용기의 모양이 달라지면 부피는 변하지 않지만 모양은 변합니다.

오답 바로잡기

ㄱ 고체는 담는 용기의 모양이 달라지면 모양이 변한다.
↳ 고체는 담는 용기의 모양이 달라져도 모양이 변하지 않습니다.
ㄴ 액체는 담는 용기의 모양이 달라져도 모양이 변하지 않는다.
↳ 액체는 담는 용기의 모양이 달라지면 모양이 변합니다.

9 주스와 같은 액체는 담는 용기에 따라 모양이 변합니다.

오답 바로잡기

① 주스의 높이는 모두 같다.
↳ 담는 용기에 따라 주스의 높이는 달라집니다.
② 담긴 주스의 부피가 용기에 따라 다르다.
↳ 주스의 부피는 모두 같습니다.
④ 담긴 주스의 색깔이 용기에 따라 다르다.
↳ 주스의 색깔은 모두 같습니다.
⑤ ㄴ 용기에 들어 있는 주스는 손으로 잡을 수 있다.
↳ 주스는 손으로 잡을 수 없습니다.

10 주스를 처음에 담았던 용기에 옮겨 담으면 주스의 높이가 처음과 같아집니다. 이를 통해 주스는 담는 용기가 바뀌어도 부피가 변하지 않는다는 것을 알 수 있습니다.

11 우유, 물, 주스는 담는 용기에 따라 모양은 변하지만, 부피는 변하지 않는 액체입니다.

12 컵에 물이 들어가지 않으므로 페트병 뚜껑이 아래로 내려가고, 수조의 물 높이가 높아집니다.

13 나무 막대는 고체로, 기체가 공간을 차지하는 성질을 이용한 예가 아닙니다.

14 공기가 다른 곳으로 이동하는 성질을 이용하여 펌프로 공기를 자전거 타이어에 넣을 수 있습니다.

15 기체는 담는 용기에 따라 모양이 변하고 담긴 용기를 항상 가득 채웁니다.

채점 기준
공기를 넣은 다양한 모양의 풍선을 통해 알 수 있는 기체의 성질을 옳게 썼다.

16 물은 흐르는 성질이 있어 손으로 잡을 수도 없습니다.

오답 바로잡기

② 물 – 눈에 보이지 않는다.
↳ 물은 눈에 보입니다.
③ 축구공 안의 공기 – 눈으로 볼 수 있다.
↳ 축구공 안의 공기는 눈에 보이지 않습니다.
④ 축구공 안의 공기 – 손으로 잡을 수 있다.
↳ 축구공 안의 공기는 손으로 잡을 수 없습니다.
⑤ 블록 – 담는 용기에 따라 모양이 변한다.
↳ 블록은 담는 용기가 바뀌어도 모양이 변하지 않습니다.

17 금속은 튼튼하고 잘 부러지지 않는 성질이 있어서 안경테를 만드는 데 사용합니다.

18 책상의 받침 부분은 플라스틱으로 이루어져 있어 바닥이 긁히는 것을 줄여 줍니다.

채점 기준	
상	물질을 플라스틱이라고 옳게 쓰고, 바닥이 긁히는 것을 줄여 준다고 옳게 썼다.
하	물질이 플라스틱이라는 것만 옳게 썼다.

19 의자의 등받이와 앉는 부분은 플라스틱, 다리 부분은 금속으로 만들어졌습니다.

20 ㄴ 몸체는 금속으로 이루어져 있어 잘 부러지지 않고 튼튼합니다. ㄱ 손잡이는 고무나 플라스틱, ㄷ 안장은 가죽, ㄹ 타이어는 고무로 이루어져 있습니다.

2. 지구와 바다

핵심개념 확인하기 47쪽

❶ 공기   ❷ 대기   ❸ 풍력

문제로 완성하기 48~49쪽

1 대기   2 ㉡   3 ⑤
4 ③   5 소연

퀴즈로 마무리하기

1 대기는 지구를 둘러싸고 있는 공기로, 눈에 보이지 않지만 우리 주변을 둘러싸고 있습니다.

2 바람개비를 들고 움직일 때 바람개비가 돌아가는 것으로 공기를 느끼고, 공기 주입기에 손을 가까이 대고 손잡이를 밀면 공기 주입기에서 밀려 나오는 공기를 느낄 수 있습니다. 그러나 공기는 눈에 보이지 않으므로 공기의 모습을 사진으로 찍을 수 없습니다.

3 공기를 넣은 지퍼 백을 관찰하면 지퍼 백이 팽팽하고, 지퍼 백 안은 투명합니다. 공기를 넣은 지퍼 백을 손으로 만져 보면 말랑말랑하고, 손으로 누르면 살짝 들어갑니다. 공기를 넣은 지퍼 백 입구를 조금 열고 누르면서 지퍼 백 입구에 손을 가까이 대면 공기가 빠져나오는 것이 느껴집니다.

4 지구에 대기가 있어 바람에 깃발이 펄럭이고 풍력 발전을 할 수 있으며, 연을 날리고 열기구를 탈 수 있습니다. 자석은 지구에 대기가 있는 것과 관계가 없습니다.

5 지구에 대기가 없다면 생물이 숨을 쉴 수 없어 살 수 없을 것입니다.

오답 바로잡기

• 지후: 비나 눈이 계속 내릴 거야.
  ↳ 대기가 없다면 구름이 없고, 비나 눈도 내리지 않을 것입니다.
• 정민: 비눗방울을 더 크게 불 수 있을 거야.
  ↳ 대기가 없다면 비눗방울을 불 수 없을 것입니다.

핵심개념 확인하기 53쪽

❶ 바다   ❷ 들   ❸ 물
❹ 바다

문제로 완성하기 54~55쪽

1 (1)-㉢ (2)-㉡ (3)-㉠   2 ④
3 ㉠   4 ㉠: 육지, ㉡: 바다
5 바다   6 ㉠: 바다, ㉡: 육지

퀴즈로 마무리하기

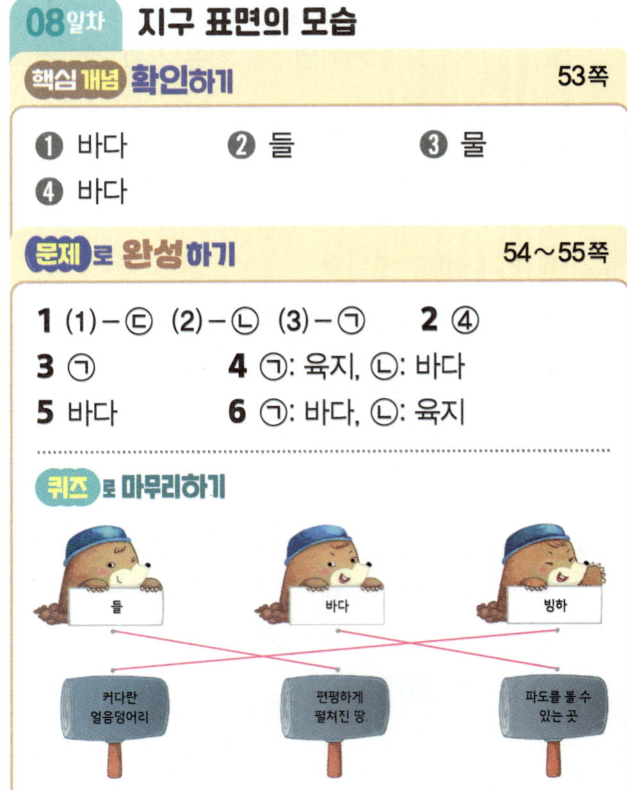

1 지구 표면에서는 산, 들, 강, 호수, 사막, 빙하, 바다 등 다양한 모습을 볼 수 있습니다. 지구 표면의 다양한 모습 중 주변보다 높이 솟아 있고 봉우리와 계곡이 보이는 곳은 산이고, 땅을 가로질러 물이 흐르는 곳은 강이며, 모래가 많고 모래 언덕이 있는 곳은 사막입니다.

2 지구 표면은 육지와 바다로 이루어져 있습니다. 육지에서는 들, 강, 호수, 빙하, 산, 사막 등을 볼 수 있고, 바다에서는 물로 덮여 있는 모습과 파도를 볼 수 있습니다.

3 지구 표면의 모습 중 산, 들, 강, 호수, 바다 등은 우리나라에서 볼 수 있지만, 빙하나 사막 등은 우리나라에서 쉽게 볼 수 없습니다.

4 ㉠은 육지의 면적이 절반을 넘기 때문에 육지 칸으로 구분하고, ㉡은 바다의 면적이 절반을 넘기 때문에 바다 칸으로 구분합니다.

5 지구 모형의 각 칸을 육지 칸과 바다 칸으로 구분할 때, 육지 칸은 3칸이고 바다 칸은 9칸으로 바다 칸이 육지 칸보다 더 많습니다. 이 활동을 통해 바다가 육지보다 더 넓다는 것을 알 수 있습니다.

6 지구 표면에서 육지와 바다가 차지하는 면적을 비교하면 바다가 육지보다 더 넓고, 지구 표면의 많은 부분을 바다가 차지하고 있습니다.

핵심개념 확인하기　59쪽

① 육지　② 바다　③ 육지
④ 바닷물　⑤ 짠

문제로 완성하기　60~61쪽

1 ㉠: 바다, ㉡: 육지의 물
2 (1)-㉡　(2)-㉠　**3** ㉢
4 ㉠　**5** ⑤

퀴즈로 마무리하기

1 지구의 물은 육지의 물과 바닷물로 구분합니다. 지구의 물은 대부분 바다에 있고, 육지의 물에는 강, 호수, 지하수, 빙하 등이 있습니다.

2 육지의 물과 바닷물을 증발 접시에 각각 넣고 가열했을 때 육지의 물을 넣은 증발 접시에는 아무것도 남지 않았지만, 바닷물을 넣은 증발 접시에는 흰색 가루가 남았습니다. 만져 보면 거칠거칠하고 짠맛이 나는 흰색 가루는 소금입니다.

3 바닷물은 육지의 물과 달리 소금 등의 여러 가지 물질이 많이 녹아 있습니다.

오답 바로잡기

㉠ 짠맛이 나지 않는다.
└▶ 바닷물에는 소금 등의 물질이 많이 녹아 있어 짠맛이 납니다.
㉡ 사람이 마시기에 적당하다.
└▶ 바닷물에는 소금 등의 여러 가지 물질이 많이 녹아 있어 사람이 마시기에 적당하지 않습니다.

4 육지의 물과 달리 바닷물에는 소금이 많이 녹아 있어 바닷물을 모아 햇빛에 말리거나 바닷물을 끓여 소금을 얻을 수 있습니다.

5 바닷물에서 물놀이를 한 뒤 씻지 않았을 때 몸에 생긴 흰색 가루는 소금입니다. 몸에 바닷물이 묻었다가 물만 증발하고 바닷물에 녹아 있던 소금이 남은 것입니다.

핵심개념 확인하기　65쪽

① 육지　② 절벽　③ 모래
④ 오랜

문제로 완성하기　66~67쪽

1 바닷가　**2** ㉠　**3** ㉣
4 ④　**5** 주원

퀴즈로 마무리하기

1 바다와 육지가 만나는 곳은 바닷가입니다.

2 바닷가에서는 가파른 절벽, 동굴, 모래사장, 구멍 뚫린 바위, 갯벌 등을 볼 수 있습니다. 들은 육지에서 볼 수 있습니다.

3 바닷가에서 모래가 넓게 펼쳐져 있는 모래사장을 볼 수 있습니다.

4 바닷가에서 볼 수 있는 지형인 구멍 뚫린 바위의 모습입니다.

오답 바로잡기

① 갯벌이다.
└▶ 갯벌은 모래나 고운 흙이 넓고 편평하게 펼쳐져 있는 바닷가 지형입니다.
② 바닷가에서 볼 수 없다.
└▶ 구멍 뚫린 바위는 바닷가에서 볼 수 있는 지형입니다.
③ 모래가 넓게 펼쳐져 있다.
└▶ 바닷가에서 볼 수 있는 모래사장의 특징입니다.
⑤ 바위가 넓고 편평하게 펼쳐져 있다.
└▶ 구멍 뚫린 바위는 파도에 의해 바위가 깎여 구멍이 생긴 것입니다.

5 바닷가에서는 절벽, 동굴, 구멍 뚫린 바위, 모래사장, 갯벌 등과 같은 다양한 지형을 볼 수 있습니다. 이와 같은 지형들은 오랜 시간에 걸쳐 파도에 의해 만들어진 것입니다.

핵심개념 확인하기   71쪽

❶ 육지   ❷ 바다   ❸ 밀물
❹ 썰물

문제로 완성하기   72~73쪽

1 ㉠: 밀물, ㉡: 썰물   2 ②, ③
3 (1)-㉡ (2)-㉠   4 ㉠
5 썰물

퀴즈로 마무리하기

1 바닷물이 육지 쪽으로 밀려 들어오는 것을 밀물이라고 하고, 바닷물이 바다 쪽으로 빠져나가는 것을 썰물이라고 합니다.

2 밀물일 때는 바닷물의 높이가 높아지고, 썰물일 때는 바닷물의 높이가 낮아집니다. 이처럼 하루에 두 번 정도 바닷물의 높이가 높아졌다가 낮아지면서 바닷물의 높이가 반복적으로 변합니다.

3 밀물일 때는 바닷물이 육지 쪽으로 밀려 들어와 바닷물의 높이가 높아지고 갯벌이나 해변이 바닷물에 잠깁니다. 썰물일 때는 바닷물이 바다 쪽으로 빠져나 바닷물의 높이가 낮아지고 갯벌이나 해변이 드러납니다.

4 물만 있는 수조의 높이를 낮게 할 때(㉠)는 섬이 있는 수조의 물 높이가 낮아지므로, 바닷물의 높이가 낮아지는 썰물일 때의 모습을 나타냅니다. 물만 있는 수조의 높이를 높게 할 때(㉡)는 섬이 있는 수조의 물 높이가 높아지므로, 바닷물의 높이가 높아지는 밀물일 때의 모습을 나타냅니다.

5 썰물일 때 바닷물이 바다 쪽으로 빠져나가면서 바닷물의 높이가 낮아져 바닷물에 잠겨 있던 땅이 드러나므로 섬으로 가는 길이 열리기도 합니다.

핵심개념 확인하기   77쪽

❶ 밀물   ❷ 썰물   ❸ 동물
❹ 식물   ❺ 생물

문제로 완성하기   78~79쪽

1 ㉠: 큰, ㉡: 서해안   2 ②
3 ⑤   4 ㉠
5 (1) ○ (2) × (3) ○

퀴즈로 마무리하기

남	호	보	상
동	해	수	갯
밀	동	굴	벌
썰	물	공	사
개	발	보	전

1 우리나라 갯벌은 밀물일 때와 썰물일 때 바닷물의 높이 차이가 큰 서해안과 남해안에 많이 있습니다.

2 갯벌에 사는 생물에는 낙지, 저어새, 게, 칠면초, 짱뚱어, 나문재 등이 있습니다. 토끼는 산이나 숲에서 삽니다.

3 갯벌은 홍수나 태풍과 같은 자연재해로 생기는 피해를 줄여 줍니다.

4 갯벌에는 동물뿐만 아니라 나문재, 칠면초, 퉁퉁마디 등과 같은 다양한 식물도 살고 있습니다.

5 갯벌에 사는 생물을 함부로 잡지 않습니다.

생각그물로 정리하기   80~81쪽

❶ 대기   ❷ 강   ❸ 넓습니다
❹ 흰   ❺ 소금   ❻ 절벽
❼ 높아   ❽ 낮아   ❾ 갯벌
❿ 줄여

1 ①   **2** ③   **3** 대기
4 ③   **5** ⑤   **6** ㉡
7 【모범 답안】 바다 칸이 육지 칸보다 더 많은 것으로 보아 바다가 육지보다 더 넓다.
8 도윤   **9** ㉡   **10** ⑤
11 【모범 답안】 바닷물은 육지의 물과 달리 소금이 많이 녹아 있기 때문이다.
12 ㉠, ㉣   **13** ②
14 (1) – ㉠   (2) – ㉡   **15** ㉠
16 ①, ④   **17** ㉢   **18** ②
19 ④
20 【모범 답안】 갯벌에는 다양한 생물이 살고 있다.

1 지구를 둘러싸고 있는 공기를 대기라고 하며, 대기는 눈에 보이지 않고 손으로 만질 수 없습니다.

2 대기가 있어 바람이 불면 풍력 발전을 할 수 있고 돛단배가 움직입니다. 또한, 대기가 있어 자전거 바퀴에 공기를 넣을 수 있고, 바람에 깃발이나 나뭇잎이 흔들립니다.

3 지구에 대기가 없다면 연을 날릴 수 없으며, 구름이 없고 비나 눈도 내리지 않을 것입니다. 그리고 생물이 숨을 쉴 수 없어 살 수 없을 것입니다.

4 강과 빙하는 육지에서 볼 수 있습니다.

5 커다란 얼음덩어리인 빙하는 우리나라에서 볼 수 없고, 주로 극지방에서 볼 수 있습니다.

6 육지 칸의 개수는 3칸이고 바다 칸의 개수는 9칸으로, 바다 칸이 육지 칸보다 더 많습니다.

7 활동 결과 바다 칸이 육지 칸보다 더 많은 것을 통해 바다가 육지보다 더 넓다는 것을 알 수 있습니다.

채점 기준
바다가 육지보다 더 넓다는 내용을 포함해 옳게 썼다.

8 지구의 물은 육지의 물과 바닷물로 구분하고, 육지의 물에는 강, 호수, 지하수, 빙하 등이 있습니다.

9 육지의 물과 바닷물을 가열했을 때 육지의 물은 아무것도 남지 않지만, 바닷물은 흰색 가루(소금)가 남습니다.

10 바닷물을 가열했을 때 남아 있는 물질은 소금이고, 소금을 손으로 만져 보면 거칠거칠합니다.

① 단맛이 난다.
④ 아무 맛도 나지 않는다.
  ↳ 바닷물을 가열하여 남아 있는 물질은 짠맛이 납니다.
② 색깔이 없다.
③ 검은색 가루이다.
  ↳ 바닷물을 가열하면 흰색 가루가 남습니다.

11 바닷물은 소금을 포함해 여러 가지 물질이 많이 녹아 있어 짠맛이 납니다.

채점 기준	
상	바닷물에서 짠맛이 나는 까닭을 옳게 썼다.
하	바닷물에는 육지의 물과 다른 물질이 녹아 있다고만 썼다.

12 바닷가에서는 가파른 절벽, 구멍 뚫린 바위, 동굴, 모래사장, 갯벌 등을 볼 수 있습니다. 강과 사막은 육지에서 볼 수 있습니다.

13 바닷가에서는 모래사장이나 갯벌과 같은 편평한 지형뿐만 아니라 가파른 절벽, 구멍 뚫린 바위, 동굴 등도 볼 수 있습니다.

14 밀물일 때는 바닷물이 육지 쪽으로 밀려 들어와 바닷물의 높이가 높아집니다. 썰물일 때는 바닷물이 바다 쪽으로 빠져나가 바닷물의 높이가 낮아집니다.

15 썰물일 때(㉠)는 바닷물의 높이가 낮아지고 갯벌이나 해변이 드러나며, 밀물일 때(㉡)는 바닷물의 높이가 높아지고 갯벌이나 해변이 바닷물에 잠깁니다.

16 물만 있는 수조의 높이를 높게 하면 섬이 있는 수조의 물 높이가 높아집니다. 이것은 바닷물의 높이가 높아지는 밀물일 때를 나타냅니다.

17 바다 갈라짐이나 바닷가에 있는 기둥에 따개비가 붙어 있는 것은 바닷물의 높이 변화로 나타나는 현상입니다.

18 바닷물이 밀려 들어오는 밀물일 때는 물에 잠기고 바닷물이 빠져나가는 썰물일 때는 물 밖으로 드러나는 편평한 땅을 갯벌이라고 합니다.

19 우리나라 갯벌은 밀물일 때와 썰물일 때 바닷물의 높이 차이가 큰 서해안과 남해안에 많이 있습니다.

20 갯벌은 다양한 동물과 식물이 살아가는 가치 있는 곳이므로 잘 보전해야 합니다.

채점 기준
갯벌에는 다양한 생물이 살고 있다고 옳게 썼다.

3. 소리의 성질

핵심 개념 확인하기   89쪽

❶ 소리   ❷ 떨림

문제로 완성하기   90~91쪽

1 소리   **2** ㉢
3 (1) ○ (2) ○ (3) ×   **4** 떨림
5 (1) – ㉡ (2) – ㉠

퀴즈로 마무리하기

1 페트병을 연필로 긁으면 소리가 납니다. 여러 가지 물체를 이용해 소리 내는 방법에는 긁기 외에도 불기, 문지르기, 두드리기 등이 있습니다.

2 비닐봉지를 손으로 구기면 비닐봉지에서 소리가 납니다. 여러 가지 물체를 이용해 다양한 소리를 낼 수 있습니다.

오답 바로잡기

㉠ 비닐봉지를 손으로 구길 때 비닐봉지가 차가워진다.
㉡ 비닐봉지를 손으로 구길 때 비닐봉지에서 빛이 난다.
↳ 비닐봉지를 손으로 구기면 소리가 납니다.

3 비닐봉지를 가만히 두면 소리가 나지 않습니다. 비닐봉지를 구겼다가 펴서 소리를 낼 수 있습니다.

4 소리가 나는 트라이앵글에 손을 살짝 대면 손에 떨림이 느껴집니다. 이를 통해 소리가 나는 물체는 떨림이 있다는 것을 알 수 있습니다.

5 소리가 나지 않는 소리굽쇠를 물에 대면 물이 튀지 않고, 소리가 나는 소리굽쇠를 물에 대면 물이 사방으로 튑니다. 그 까닭은 소리가 나지 않는 소리굽쇠는 떨리지 않고 소리가 나는 소리굽쇠는 떨리기 때문입니다.

핵심 개념 확인하기   95쪽

❶ 세기   ❷ 세게   ❸ 약하게
❹ 큰   ❺ 작은

문제로 완성하기   96~97쪽

1 세기   **2** ㉡
3 (1) – ㉠ (2) – ㉡
4 (1) × (2) × (3) ○   **5** ㉢

퀴즈로 마무리하기

1 소리의 크고 작은 정도를 소리의 세기라고 합니다. 글로켄슈필의 음판이 떨리는 정도에 따라 소리의 세기가 달라집니다.

2 고무줄을 세게 튕기면 고무줄이 크게 떨리면서 큰 소리가 나고 고무줄을 약하게 튕기면 고무줄이 작게 떨리면서 작은 소리가 납니다.

3 작은북을 세게 치면 북이 크게 떨리면서 큰 소리가 나고, 작은북을 약하게 치면 북이 작게 떨리면서 작은 소리가 납니다.

4 물체가 작게 떨리면 작은 소리가 나고, 물체가 크게 떨리면 큰 소리가 납니다.

오답 바로잡기

(1) 물체가 작게 떨리면 큰 소리가 난다.
↳ 물체가 작게 떨리면 작은 소리가 납니다.
(2) 물체가 크게 떨리면 작은 소리가 난다.
↳ 물체가 크게 떨리면 큰 소리가 납니다.

5 응원할 때, 여러 사람 앞에서 발표할 때, 화재경보기가 울릴 때 등은 큰 소리를 냅니다.

오답 바로잡기

㉠ 도서관에서 이야기할 때
↳ 공공장소에서 이야기할 때는 작은 소리를 냅니다.
㉡ 자장가를 불러 줄 때
↳ 자장가를 불러 줄 때는 작은 소리를 냅니다.

핵심 개념 확인하기 101쪽

❶ 높낮이 ❷ 높은 ❸ 낮은
❹ 높은 ❺ 낮은

문제 로 완성하기 102~103쪽

1 높낮이 **2** ㉠
3 ㉠: 빠르게, ㉡: 느리게
4 (1) ㉢ (2) ㉠ **5** (1) – ㉡ (2) – ㉠

퀴즈 로 마무리하기

1 소리의 높고 낮은 정도를 소리의 높낮이라고 합니다. 소리의 높낮이는 소리가 나는 물체의 길이에 따라 달라집니다. 소리가 나는 물체의 길이가 짧을수록 높은 소리가 나고, 물체의 길이가 길수록 낮은 소리가 납니다.

2 칼림바의 짧은 건반을 튕기면 높은 소리가 나고, 긴 건반을 튕기면 낮은 소리가 납니다. 소리가 나는 물체의 길이가 짧을수록 높은 소리가 나고, 물체의 길이가 길수록 낮은 소리가 나기 때문입니다.

3 금속 자를 짧게 놓고 튕기면 금속 자가 빠르게 떨리면서 높은 소리가 나고, 금속 자를 길게 놓고 튕기면 금속 자가 느리게 떨리면서 낮은 소리가 납니다.

4 음판의 길이가 짧을수록 높은 소리가 나고, 길수록 낮은 소리가 납니다. 그 까닭은 소리가 나는 물체의 길이에 따라 소리의 높낮이가 달라지기 때문입니다.

5 뱃고동 소리는 낮은 소리로 먼 곳까지 신호를 보내고, 구급차의 경보음은 높은 소리로 위급한 환자가 있다는 것을 알립니다.

핵심 개념 확인하기 107쪽

❶ 기체 ❷ 액체 ❸ 고체

문제 로 완성하기 108~109쪽

1 ㉡ **2** ㉡ **3** 고체
4 (1) – ㉡ (2) – ㉠
5 (1) ○ (2) ○ (3) ✕

퀴즈 로 마무리하기

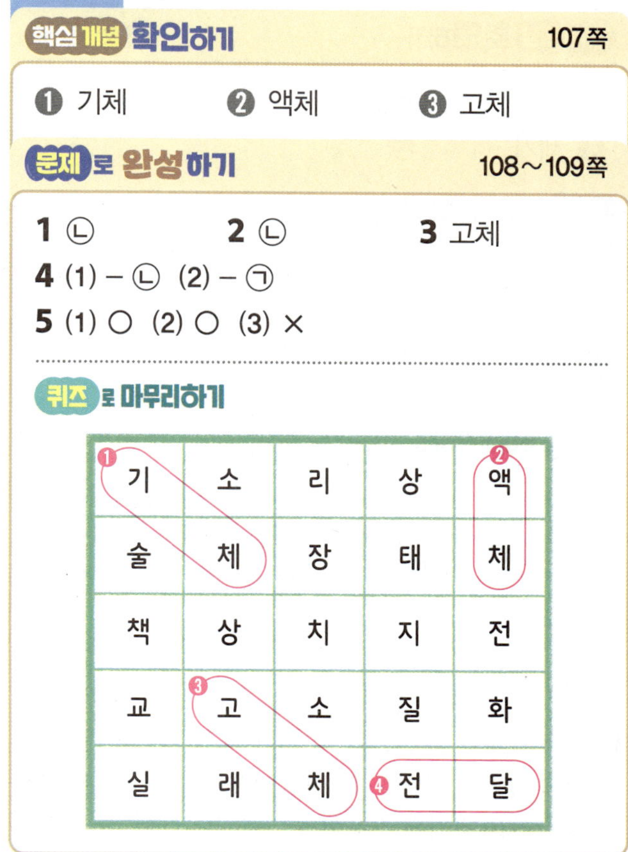

1 장치에서 공기를 뺐을 때보다 장치에 공기를 채웠을 때 스피커에서 나는 소리가 더 크게 들립니다. 그 까닭은 공기가 소리를 전달하기 때문입니다.

2 물속에서 캐스터네츠를 부딪치면 물 밖에서 그 소리를 들을 수 있습니다. 이것은 액체인 물과 기체인 공기를 통해 소리가 전달되기 때문입니다.

오답 바로잡기

㉠ 물 밖에서 캐스터네츠의 소리가 들리지 않는다.
  ↳ 물 밖에서 캐스터네츠의 소리가 들립니다.
㉡ 고체인 수조를 통해 소리가 전달된다는 사실을 알 수 있다.
  ↳ 액체인 물과 기체인 공기를 통해 소리가 전달된다는 사실을 알 수 있습니다.

3 귀를 책상에 대었을 때 들리는 책상을 두드리는 소리는 고체인 나무를 통해 전달됩니다. 이 실험을 통해 소리가 고체를 통해서도 전달된다는 사실을 알 수 있습니다.

4 선생님의 목소리는 공기를 통해 교실 뒤쪽까지 전달되고, 수중 발레 선수에게 들리는 스피커에서 나는 음악 소리는 물을 통해 전달됩니다.

5 바닥에 귀를 대었을 때 들리는 발걸음 소리는 고체인 바닥을 통해 전달됩니다.

소음을 줄이는 방법

핵심 개념 확인하기   113쪽

❶ 소음   ❷ 도로   ❸ 공사장
❹ 세기   ❺ 전달

문제로 완성하기   114~115쪽

1 소음   **2** (1) × (2) ○ (3) ○
3 (1) – ㉠ (2) – ㉢ (3) – ㉡   **4** ㉢
5 전달되는

퀴즈로 마무리하기

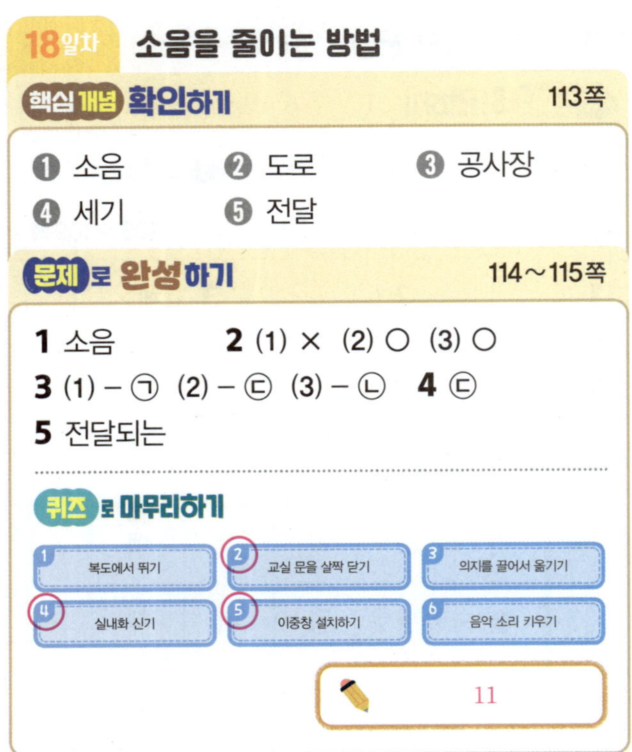

1 공사장에서 나는 기계 소리와 같이 다른 사람을 불쾌하게 만들거나 다른 사람에게 해를 끼칠 수 있는 시끄러운 소리를 소음이라고 합니다.

2 소음을 들으면 기분이 나쁩니다.

3 집 안에서 뛰는 소리는 바닥에 소음 방지 매트를 깔아 줄일 수 있습니다. 시끄러운 음악 소리는 이중창을 설치해 줄일 수 있습니다. 그리고 자동차가 빠르게 달리는 소리는 과속 방지턱을 설치해 줄일 수 있습니다.

4 소음을 줄이려면 벽에 소리가 잘 전달되지 않는 물질을 붙입니다. 스피커 소리를 줄이거나 집에서 뛰거나 달리지 않는 것은 소리의 세기를 줄여 소음을 줄이는 방법입니다.

5 방음벽은 소리가 전달되는 것을 줄이는 장치입니다.

19일차

생각 그물로 정리하기   116~117쪽

❶ 소리   ❷ 떨림   ❸ 세기
❹ 크게   ❺ 작게   ❻ 높낮이
❼ 높은   ❽ 낮은   ❾ 기체
❿ 소음

단원 평가하기   118~121쪽

1 소리   **2** ㉡   **3** ①
4 〔모범 답안〕 소리가 나는 물체는 떨림이 있다.
5 ④   **6** ㉡   **7** 승아
8 〔모범 답안〕 글로켄슈필의 음판을 세게 치면 큰 소리가 나고, 약하게 치면 작은 소리가 난다.
9 ②, ③   **10** ⑤   **11** ⑤
12 〔모범 답안〕 우쿨렐레의 줄을 더 짧게 잡고 튕긴다.
13 높은   **14** ㉡
15 ㉠: 있다, ㉡: 전달된다는   **16** ②, ③
17 (1) – ㉡ (2) – ㉠ (3) – ㉢   **18** ④
19 ㉠: 세기, ㉡: 전달   **20** ㉢

1 물체를 긁거나, 두드리거나, 불거나, 구기거나, 흔들거나, 튕기거나, 문질러서 소리를 낼 수 있습니다.

2 소리가 나지 않는 소리굽쇠에 손을 대면 떨림이 느껴지지 않지만 소리가 나는 소리굽쇠에 손을 대면 떨림이 느껴집니다. 이를 통해 소리가 나는 물체는 떨림이 있다는 사실을 알 수 있습니다.

3 소리가 나는 물체는 떨림이 있습니다.

4 소리가 나는 소리굽쇠의 떨림에 의해 물이 사방으로 튑니다.

채점 기준
소리가 나는 물체와 떨림을 관련지어 썼다.

5 물체가 크게 떨리면 큰 소리가 나고 작게 떨리면 작은 소리가 납니다. 따라서 글로켄슈필의 음판을 약하게 치면 작은 소리가 납니다.

6 작은북을 세게 치면 플라스틱 조각이 높게 튀어 오르며 큰 소리가 납니다. 작은북을 약하게 치면 플라스틱 조각이 낮게 튀어 오르며 작은 소리가 납니다.

7 고무줄을 세게 튕길수록 고무줄이 크게 떨리고 큰 소리가 납니다.

8 물체를 세게 쳐서 물체가 크게 떨리게 하면 큰 소리가 나고, 약하게 쳐서 물체가 작게 떨리게 하면 작은 소리가 납니다.

채점 기준	
상	글로켄슈필로 큰 소리를 내는 방법과 작은 소리를 내는 방법을 모두 옳게 썼다.
하	글로켄슈필로 큰 소리를 내는 방법과 작은 소리를 내는 방법 중 한 가지만 옳게 썼다.

9 응원할 때나 발표할 때는 큰 소리를 내고, 지하철과 같은 공공장소에서 이야기할 때는 작은 소리를 냅니다.

① 운동장에서 응원할 때
↳ 운동장에서 응원할 때는 큰 소리를 냅니다.
④ 여러 사람 앞에서 발표할 때
↳ 여러 사람 앞에서 발표할 때는 큰 소리를 냅니다.

10 우쿨렐레의 줄을 잡는 길이에 따라 소리의 높낮이가 달라집니다.

11 실로폰은 음판의 길이가 짧을수록 높은 소리가 납니다. 따라서 ㉠, ㉡은 (가)보다 낮은 소리가 나고, ㉢, ㉣은 (가)보다 높은 소리가 납니다.

12 소리가 나는 물체의 길이가 짧을수록 높은 소리가 납니다. 따라서 우쿨렐레로 더 높은 소리를 내려면 줄을 더 짧게 잡고 튕깁니다.

채점 기준
우쿨렐레의 줄을 더 짧게 잡는다고 옳게 썼다.

13 구급차의 경보음은 높은 소리로 위급한 환자가 있다는 것을 알립니다.

14 장치에서 공기를 빼면 소리가 잘 들리지 않습니다.

15 물속에서 캐스터네츠를 부딪쳐서 낸 소리를 물 밖에서 들을 수 있습니다. 이 실험을 통해 소리가 액체인 물과 기체인 공기를 통해 전달된다는 사실을 알 수 있습니다.

16 운동장에서 들리는 학교 종소리와 교실 뒤쪽에서 들리는 선생님의 소리는 기체인 공기를 통해 전달됩니다. 물속에서 들리는 음악 소리는 액체인 물, 철봉에서 들리는 철봉을 두드리는 소리는 고체인 철을 통해 전달됩니다.

17 먼 곳에서 다가오는 배의 소리는 액체인 물을 통해 잠수부에게 전달됩니다. 새소리는 기체인 공기를 통해 멀리까지 전달됩니다. 실 전화기에서 들리는 친구의 목소리는 고체인 실을 통해 전달됩니다.

18 텔레비전을 볼 때 소리를 줄여야 소음을 줄일 수 있습니다.

19 소리의 세기를 줄이거나 소리가 잘 전달되지 않게 하여 소음을 줄일 수 있습니다.

20 도로에서 생기는 소음이 도로 바깥으로 전달되지 않게 하기 위해 도로 주변에 방음벽을 설치합니다.

4. 감염병과 건강한 생활

20일차 **생활 속 감염병의 사례와 위험성**

핵심 개념 확인하기   125쪽

❶ 감염병   **❷** 위험성   **❸** 생명

문제로 완성하기   126~127쪽

1 감염병   **2** ②
3 (1) – ㉠ (2) – ㉡   **4** ㉢
5 한별

퀴즈로 마무리하기

병	독	결	핵
원	감	골	절
수	족	구	병
감	염	예	방

1 감염병은 세균이나 바이러스와 같은 병원체가 몸에 들어와 걸리는 질병입니다. 감염병은 사람이 많이 모이는 장소에서 유행하기 쉽고, 종류가 다양합니다.

2 감염병은 병원체가 몸에 들어와 걸리는 질병이므로 골절은 감염병이 아닙니다.

3 파상풍에 걸리면 근육이 굳어집니다. 결핵에 걸리면 기침이 2주 이상 계속되며, 가래가 생기고 열이 납니다.

4 수두에 걸리면 피부에 붉은 물집이 생기고, 가렵습니다.

㉠ 눈이 빨개지고, 가렵다.
↳ 유행성 각결막염의 증상입니다.
㉡ 배가 아프고, 설사나 구토를 한다.
↳ 식중독의 증상입니다.

5 감염병에 걸리면 다른 사람에게 감염병을 옮길 수 있어서 격리되고, 학교에 등교하지 못하고 원격으로 수업을 합니다. 또 도서관과 같은 공공시설이 문을 닫는 등 일상생활이 불편해집니다.

핵심 개념 확인하기   131쪽

❶ 감염   ❷ 접촉   ❸ 있습니다

문제로 완성하기   132~133쪽

1 묻는다   **2** ③   **3** 침방울(비말)
4 (1) ×   (2) ○
5 (1) – ⓛ   (2) – ㉠

퀴즈로 마무리하기

1 형광 로션을 짜 둔 장갑을 낀 사람과 악수를 하면 악수를 한 사람의 장갑에 형광 로션이 묻어 자외선 손전등을 비췄을 때 장갑이 밝게 빛납니다. 이를 통해 악수를 하면서 형광 로션이 손에서 손으로 퍼지는 것을 알 수 있습니다.

2 형광 로션을 병원체라고 할 때, 형광 로션이 다른 사람의 손에 닿는 것은 병원체가 손을 통해 다른 사람에게 옮겨 가는 것을 의미하므로 실험을 통해 접촉에 의한 감염 과정을 확인할 수 있습니다.

3 분무기에서 나오는 물방울을 기침이나 재채기로 입에서 나오는 침방울(비말)이라고 할 때, 색 도화지에 물방울이 닿는 것은 다른 사람에게 침방울(비말)이 닿는 것을 의미합니다. 이 실험을 통해 침방울(비말)을 통한 감염 과정을 확인할 수 있습니다.

4 공기 중에 떠다니는 병원체는 다른 사람의 눈, 코, 입으로 들어가 감염병을 일으킬 수 있습니다.

5 실내에서 환기를 하지 않는 습관이 있으면 공기 중에 떠다니는 병원체가 눈, 코, 입으로 들어와 감염병에 걸릴 수 있고, 오염된 물을 끓이지 않고 마시는 습관이 있으면 병원체에 오염된 물이 몸속으로 들어와 감염병에 걸릴 수 있습니다.

핵심 개념 확인하기   137쪽

❶ 안전한   ❷ 개인   ❸ 교육
❹ 보건소   ❺ 방역

문제로 완성하기   138~139쪽

1 성진   **2** ③
3 (1) ○   (2) ×   (3) ○
4 ㉠   **5** 안전한

퀴즈로 마무리하기

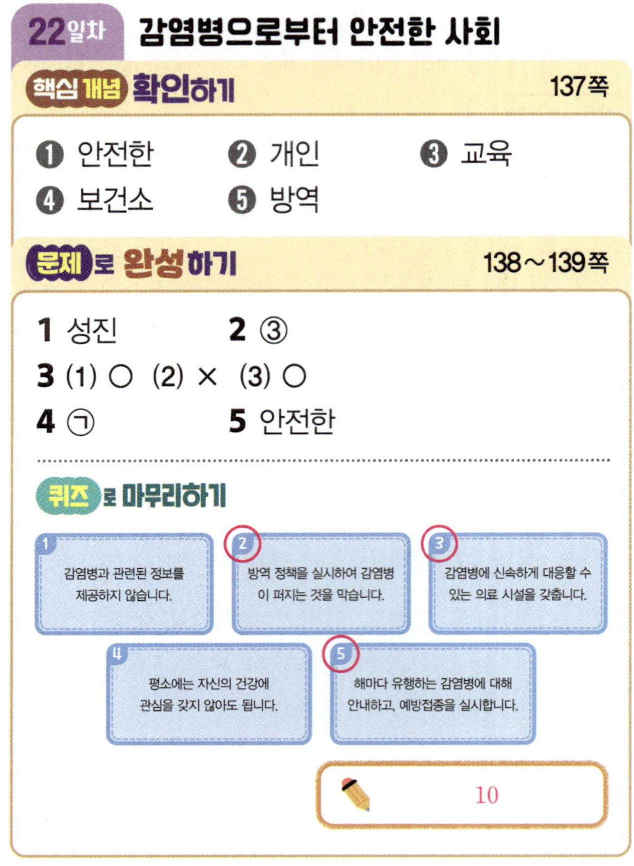

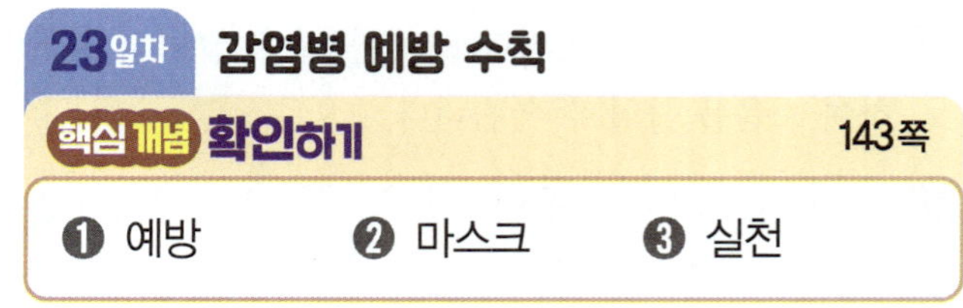

1 감염병으로부터 안전한 사회에서는 식당에서 여러 사람들과 함께 음식을 먹을 수 있습니다.

2 여러 행사가 취소되는 것, 아픈 사람이 많아 병원이 붐비는 것, 손님이 없어서 가게들이 문을 닫는 것은 감염병이 유행할 때 일어나는 일입니다.

3 감염병으로부터 안전한 사회를 만들려면 개인과 사회가 감염병에 관심을 가지고 감염병이 유행하지 않도록 노력해야 합니다.

4 감염병 백신이나 치료제를 개발하는 것은 감염병으로부터 안전한 사회를 만들기 위한 국가의 노력, 감염병에 대해 안내하고 예방접종을 실시하는 것은 보건소나 병원의 노력입니다.

5 학교, 보건소나 병원 등의 사회적 노력뿐만 아니라 개인의 노력이 함께 이루어져야 감염병으로부터 안전한 사회를 만들 수 있습니다.

핵심 개념 확인하기   143쪽

❶ 예방   ❷ 마스크   ❸ 실천

1 ㉡	**2** ①	**3** ㉡
4 ②	**5** 예방	

퀴즈로 마무리하기

1 손을 씻은 후의 배지에는 빨간 점이 거의 보이지 않습니다.

2 손을 씻기 전의 배지에는 빨간 점이 많이 생겼지만 손을 씻은 후의 배지에는 빨간 점이 거의 보이지 않습니다. 이를 통해 손을 씻으면 손에 있는 병원체를 없애 감염병을 예방하는 데 도움이 된다는 것을 알 수 있습니다.

3 마스크 모형이 없을 때에는 뒷부분에 바이러스 모형이 많이 모였지만 마스크 모형을 끼웠을 때에는 뒷부분에 바이러스 모형이 모이지 않았습니다. 이를 통해 마스크를 쓰면 병원체가 공기나 비말에 섞여서 들어오는 것을 막아 주므로, 감염병 예방에 도움이 된다는 것을 알 수 있습니다.

4 오염된 물을 끓이지 않고 마시면 물을 통해 감염병에 걸릴 수 있습니다. 감염병을 예방하려면 깨끗한 물을 마셔야 합니다.

5 감염병으로부터 안전한 생활을 하려면 감염병 예방 수칙을 실천하는 것이 중요합니다.

24일차

❶ 감염병	❷ 아프고	❸ 비말
❹ 생활 습관	❺ 안전한	❻ 개인
❼ 병원	❽ 환기	❾ 운동
❿ 예방 수칙		

---

1 많이	**2** ②	**3** ②
4 ④	**5** 수민	**6** 손
7 ㉡		

8 [모범 답안] 침을 통한 감염이다.

9 ④	**10** 접촉	

11 ㉠: 쉬워지고, ㉡: 크게　**12** ②

13 ㉡

14 [모범 답안] 자신의 건강을 자주 확인한다. 손을 자주 씻고, 거리두기와 마스크 쓰기를 실천한다. 감염병으로부터 안전한 사회에 관심을 가진다. 등

15 ㉣	**16** 병원체	**17** ㉡

18 [모범 답안] 감염병이 유행할 때에는 마스크를 쓴다.

19 ㉠, ㉢	**20** ⑤

1 감염병은 병원체가 몸에 들어와 걸리는 질병으로, 사람이 많이 모이는 장소에서 유행하기 쉽고, 종류가 다양합니다.

2 화상을 입은 것, 멍이 든 것, 팔이 골절된 것, 동상에 걸린 것은 병원체가 몸에 들어와 걸리는 질병이 아니므로 감염병이 아닙니다.

3 파상풍에 걸리면 근육이 굳어지는 증상이 나타납니다. 입안과 손발에 물집이 생기는 것은 수족구병의 증상입니다.

4 눈곱이 끼고 눈이 빨개지며, 가려운 증상이 나타나는 감염병은 유행성 각결막염입니다.

5 감염병이 유행하면 도서관과 같은 공공시설이 문을 닫고, 일상생활에 불편함이 생깁니다.

6 실험 결과 악수를 하면서 장갑에 짜 둔 형광 로션이 손에서 손으로 퍼져 자외선 손전등을 비췄을 때 형광 로션이 묻은 장갑이 밝게 빛나는 것을 확인할 수 있습니다. 형광 로션을 병원체라고 할 때, 형광 로션이 다른 사람의 손에 닿는 것은 병원체가 손을 통해 다른 사람에게 옮겨 가는 것을 의미합니다. 이 실험을 통해 접촉을 통한 감염 과정을 알 수 있습니다.

7 분무기에서 나오는 물방울을 기침이나 재채기로 입에서 튀어나오는 침방울(비말)이라고 할 때, 색 도화지에 물방울이 닿는 것은 다른 사람에게 침방울(비말)이 닿는 것을 의미합니다. 이 실험을 통해 침방울(비말)을 통한 감염 과정을 확인할 수 있습니다.

ⓖ 접촉을 통한 감염 과정을 알아보는 실험이다.
↳ 침방울(비말)을 통한 감염 과정을 알아보는 실험입니다.
ⓒ 분무기와 색 도화지까지의 거리가 가장 가까울 때에 색 도화지에 물방울이 가장 적게 묻는다.
↳ 분무기와 색 도화지의 거리가 가까울수록 색 도화지에 물방울이 많이 묻습니다.

8 한 접시에 있는 음식을 같이 먹으면 침에 섞인 병원체가 몸속으로 들어와 감염병에 걸릴 수 있습니다.

채점 기준
여러 가지 감염 과정 중 침을 통한 감염 과정이라고 옳게 썼다.

9 실내를 환기하지 않으면 공기 중에 떠다니는 병원체가 눈, 코, 입으로 들어와 감염병에 걸릴 수 있습니다. 오염된 물을 끓이지 않고 마시는 습관은 물을, 씻지 않은 손으로 눈, 코, 입을 만지는 습관은 접촉을, 기침 예절을 지키지 않는 습관은 비말을 통한 감염 과정과 관련된 생활 습관입니다.

10 병원체가 묻어 있는 씻지 않은 손으로 눈, 코, 입을 만지면 접촉을 통해 감염병에 걸릴 수 있습니다.

11 감염 과정은 생활 습관과 관련이 있습니다. 감염병에 걸릴 수 있는 잘못된 생활 습관을 고치지 않으면 감염병에 걸리기 더 쉬워지고, 감염병이 더 크게 유행할 수 있습니다.

12 감염병으로부터 안전한 사회에서는 감염병에 걸려서 병원에 가는 환자가 줄어들어 아픈 사람들이 병원을 이용하기 쉬워집니다.

13 감염병 백신이나 치료제를 개발하는 것은 감염병으로부터 안전한 사회를 만들기 위한 국가의 노력입니다.

14 감염병으로부터 안전한 사회를 만들기 위해 개인은 자신의 건강을 자주 확인하기, 손을 자주 씻고, 거리 두기와 마스크 쓰기를 실천하기, 감염병으로부터 안전한 사회에 관심을 가지기 등의 노력을 할 수 있습니다. 이처럼 감염병으로부터 안전한 사회를 만들려면 학교, 보건소나 병원 등의 사회적 노력뿐만 아니라 개인의 노력이 함께 이루어져야 합니다.

채점 기준	
상	감염병으로부터 안전한 사회를 만들기 위한 개인의 노력을 두 가지 모두 옳게 썼다.
하	감염병으로부터 안전한 사회를 만들기 위한 개인의 노력을 한 가지만 옳게 썼다.

15 감염병에 대응할 수 있는 의료 시설을 갖추고, 여러 가지 질병을 진료하거나 치료하는 것은 감염병으로부터 안전한 사회를 만들기 위한 보건소나 병원의 노력입니다.

16 비누로 손을 씻기 전의 배지에는 빨간 점이 많이 생겼고, 손을 씻은 후의 배지에는 빨간 점이 거의 보이지 않습니다. 따라서 비누로 손을 씻으면 손에 있는 병원체를 없앨 수 있다는 것을 알 수 있습니다.

17 마스크 모형을 끼웠을 때에는 뒷부분에 바이러스 모형이 모이지 않지만, 마스크 모형이 없을 때에는 뒷부분에 바이러스 모형이 모입니다.

18 실험을 통해 마스크를 쓰면 병원체가 공기나 비말에 섞여서 들어오는 것을 막아 주므로, 감염병 예방에 도움이 되는 것을 확인할 수 있습니다.

채점 기준
마스크를 쓴다고 옳게 썼다.

19 익지 않은 음식을 먹고, 기침할 때에는 입과 코를 가리지 않으면 감염병에 걸릴 수 있습니다. 감염병에 걸리지 않기 위해 감염병 예방 수칙을 실천하는 것이 중요합니다.

ⓒ 익지 않은 음식을 먹는다.
↳ 음식을 충분히 익혀 먹습니다.
ⓔ 기침할 때에는 입과 코를 가리지 않는다.
↳ 기침할 때에는 휴지와 옷소매로 입과 코를 가립니다.

20 감염병이 크게 유행하면 다른 사람에게 감염병을 옮길 수 있어서 격리됩니다. 또 도서관과 같은 공공시설이 문을 닫고, 여러 행사가 취소되는 등 감염병에 걸리지 않은 사람도 일상생활에 불편함을 겪습니다.

① 감염병은 접촉을 통해서만 걸린다.
↳ 병원체는 접촉, 비말, 공기, 물, 침 등 여러 가지 감염 과정을 통해 다른 사람에게 옮겨 가 감염병을 일으킵니다.
② 외출 후 손이 깨끗해 보이면 손을 씻을 필요가 없다.
↳ 외출 후에는 흐르는 물에 비누로 30초 이상 손을 깨끗하게 씻어야 합니다.
③ 건강할 때에는 예방접종을 하여 건강 관리를 할 필요가 없다.
↳ 예방접종을 하여 건강 관리를 해야 감염병을 예방할 수 있습니다.
④ 모든 감염병은 퍼지는 속도가 느리기 때문에 위험하지 않다.
↳ 어떤 감염병은 짧은 시간 동안 많은 사람이 감염될 수 있어 위험합니다.

1. 물체와 물질

단원 정리   2~3쪽

① 물질   ② 광택   ③ 유리
④ 고무   ⑤ 부피   ⑥ 모양
⑦ 모양   ⑧ 쓰임새   ⑨ 플라스틱
⑩ 공간

쪽지 시험   4쪽

1 물체   2 금속   3 고무
4 플라스틱 막대   5 고체
6 액체   7 모양   8 나무 막대
9 플라스틱   10 공기

단원 평가   5~7쪽

1 물질   2 ④   3 ①
4 ㉠   5 ④   6 ③
7 **모범 답안** 유리컵, 유리 그릇, 꽃병 등이 있고, 유리로 이루어져 있다.
8 ④   9 ⑤   10 ⑤
11 고체
12 **모범 답안** 나무 막대는 담는 용기가 바뀌어도 모양과 부피가 변하지 않는다.
13 ③   14 다르다.   15 ⑤
16 **모범 답안** 컵 안의 공기가 공간을 차지하고 있어 물을 밀어내기 때문이다.
17 ㉠, ㉣   18 ㉢, ㉤   19 ④
20 **모범 답안** 충격을 잘 흡수한다. 잘 미끄러지지 않는다. 등

1 물체를 만드는 재료를 물질이라고 하고 유리컵과 유리 그릇을 만드는 물질은 유리입니다.

2 아령과 금속 캔은 금속으로 이루어져 있습니다.

3 고유한 향과 무늬가 있는 물질은 나무입니다.

4 투명한 성질을 가진 물질은 유리입니다.

5 두 물질을 긁었을 때 잘 긁히지 않는 물질이 더 단단하므로, 금속이 나무보다 더 단단하다는 것을 알 수 있습니다.

6 실험 결과 플라스틱과 나무는 물에 뜨고, 금속과 유리는 물에 가라앉는다는 것을 알 수 있습니다.

오답 바로잡기

① 금속은 물에 젖는다.
  ↳ 실험 결과로 알 수 없습니다.
② 나무와 유리는 성질이 같다.
  ↳ 나무는 물에 뜨고 유리는 가라앉으므로 성질이 같지 않습니다.
④ 나무와 금속은 물에 가라앉는다.
  ↳ 나무는 물에 뜨고 금속은 물에 가라앉습니다.
⑤ 플라스틱과 나무는 무게가 같다.
  ↳ 실험 결과로 알 수 없습니다.

7 어항은 유리로 이루어진 물체입니다. 어항처럼 유리로 이루어진 물체에는 유리컵, 유리 그릇, 꽃병 등이 있습니다.

채점 기준	
상	어항과 같은 물질로 이루어진 물체 두 가지와 물체를 이루는 물질을 모두 옳게 썼다.
하	어항과 같은 물질로 이루어진 물체 두 가지와 물체를 이루는 물질 중 한 가지만 옳게 썼다.

8 타이어는 고무로 만든 물체입니다.

9 블록, 휴지통, 바구니는 플라스틱으로 이루어져 있습니다.

10 나무 막대와 플라스틱 막대는 고체입니다. 담긴 용기를 항상 가득 채우는 것은 기체입니다.

11 나무 막대는 모양이 다른 용기에 옮겨 담아도 모양과 부피가 변하지 않는 고체입니다.

12 나무 막대와 같은 고체는 담는 용기가 바뀌어도 모양과 부피가 변하지 않습니다.

채점 기준	
상	담는 용기가 바뀌어도 모양과 부피가 변하지 않는다고 옳게 썼다.
하	모양과 부피 중 한 가지에 대해서만 옳게 썼다.

13 담는 용기에 따라 모양이 변하지만 부피는 변하지 않는 우유는 액체입니다. 나무 도마, 금속 캔, 블록은 고체이고 튜브 안의 공기는 기체입니다.

14 물은 담는 용기의 모양에 따라 모양이 변합니다.

15 처음에 사용한 용기에 물을 다시 옮겨 담았을 때 물의 높이가 같은 것을 통해 물의 부피는 변하지 않는다는 것을 알 수 있습니다.

16 공기는 일정한 공간을 차지하기 때문에 컵 안의 공기 부피만큼 물이 밀려나와 수조 안 물의 높이가 높아집니다.

채점 기준
실험 결과 수조 안 물의 높이가 높아지는 까닭을 옳게 썼다.

17 주스나 바닷물과 같은 액체에 대한 설명입니다. ⓒ과 ⓒ은 고체이고, ⓜ과 ⓗ은 기체입니다.

18 기체인 공기에 대한 설명입니다.

19 책상의 몸체 부분은 금속으로 이루어져 있어 잘 부러지지 않고 튼튼합니다.

20 타이어는 고무로 만들어 충격을 잘 흡수하고, 잘 미끄러지지 않습니다.

채점 기준
타이어를 고무로 만들 때 좋은 점을 옳게 썼다.

서술형 평가   8쪽

1 (1) 금속 (2) 모범 답안 금속은 나무보다 단단하기 때문이다.
2 모범 답안 액체는 담는 용기에 따라 모양이 변한다.
3 모범 답안 ⓔ은 페트병 뚜껑이 아래로 내려가고, ⓛ은 페트병 뚜껑의 위치가 그대로 있다.
4 (1) ⓔ, ⓛ (2) 모범 답안 기체가 공간을 차지하는 성질을 이용한다.

1 금속은 다른 물질보다 단단합니다.

채점 기준
금속은 나무보다 단단하다는 내용을 옳게 썼다.

2 액체는 담는 용기에 따라 모양은 변하지만, 부피는 변하지 않는 물질의 상태입니다.

채점 기준	
상	액체는 담는 용기에 따라 모양이 변한다는 내용을 옳게 썼다.
하	액체는 모양이 변한다고만 썼다.

3 ⓔ은 공기가 공간을 차지하므로 컵 안의 공기가 물을 밀어내어 페트병 뚜껑이 아래로 내려가고, ⓛ은 구멍으로 컵 안의 공기가 빠져나가 페트병 뚜껑의 위치가 변하지 않습니다.

채점 기준	
상	페트병 뚜껑의 위치가 어떻게 되는지 ⓔ과 ⓛ을 비교하여 옳게 썼다.
하	ⓔ과 ⓛ에서 페트병 뚜껑의 위치 변화 중 한 가지만 옳게 썼다.

4 튜브, 비눗방울은 기체가 공간을 차지하는 성질을 이용합니다.

채점 기준	
상	기체인 것을 모두 옳게 고르고, 기체가 공간을 차지하는 성질을 이용한다고 옳게 썼다.
하	기체인 것을 모두 옳게 골랐지만, 기체가 공간을 차지하는 성질을 이용한다고 쓰지 못했다.

수행 평가   9쪽

1 (1) 모범 답안 플라스틱 막대의 모양과 부피가 변하지 않는다. (2) 모범 답안 고체는 담는 용기의 모양이 바뀌어도 모양과 부피가 변하지 않는다.
2 (1) 금속 (2) 모범 답안 다른 물질보다 단단한 성질을 이용한다.

1 (1) 플라스틱 막대를 모양이 다른 용기에 옮겨 담아도 모양과 부피가 변하지 않습니다.

채점 기준	
상	플라스틱 막대의 모양과 부피가 변하지 않는다고 옳게 썼다.
하	플라스틱 막대의 모양과 부피 변화 중 한 가지만 옳게 썼다.

(2) 나무 막대와 플라스틱 막대는 담는 용기가 바뀌어도 모양과 부피가 변하지 않는 고체입니다.

채점 기준
실험으로 알 수 있는 고체의 성질을 옳게 썼다.

2 (1) 금속은 다른 물질보다 단단하여 책상 몸체(ⓔ)나 자전거 몸체(ⓛ)에 금속을 이용합니다.
(2) 책상 몸체는 금속으로 만들어 잘 부러지지 않고 튼튼하며, 자전거 몸체는 금속으로 만들어 큰 힘에도 잘 견딥니다.

채점 기준	
상	책상 몸체와 자전거 몸체 부분에 공통으로 이용된 물질을 옳게 쓰고, 그 물질에서 이용한 성질을 옳게 썼다.
하	책상 몸체와 자전거 몸체 부분에 공통으로 이용된 물질만 옳게 썼다.

2. 지구와 바다

1 공기를 넣은 지퍼 백 입구를 조금 열고 누를 때 지퍼 백 안에서 빠져나오는 공기는 눈에 보이지 않습니다.

2 대기는 눈에 보이지 않고 손으로 만질 수 없습니다. 바람이 부는 것 등을 통해 대기를 느낄 수 있고, 대기가 없는 곳에서는 바람개비가 돌아가지 않습니다.

3 지구에 대기가 있어 생물이 숨을 쉴 수 있습니다.

채점 기준
생물이 숨을 쉬지 못할 것이라는 내용을 포함해 옳게 썼다.

4 강(㉠)은 육지에서 볼 수 있고, 파도가 치는 모습(㉡)은 바다에서 볼 수 있습니다.

5 사막, 빙하 등은 우리나라에서 볼 수 없습니다.

6 바다 칸이 육지 칸보다 더 많습니다.

7 바다 칸이 육지 칸보다 더 많으므로 바다가 육지보다 더 넓다는 것을 알 수 있습니다.

8 지구의 물은 대부분 바다에 있습니다.

9 육지의 물과 바닷물을 가열하면 육지의 물은 아무것도 남지 않지만, 바닷물은 흰색 가루(소금)가 남습니다.

채점 기준	
상	육지의 물과 바닷물을 가열했을 때 남아 있는 물질을 비교해 옳게 썼다.
하	육지의 물과 바닷물을 가열했을 때 남아 있는 물질 중 한 가지만 옳게 썼다.

10 육지의 물은 짠맛이 나지 않지만, 바닷물은 육지의 물과 달리 소금이 많이 녹아 있어 짠맛이 납니다.

11 물을 마시거나 몸을 씻을 때는 주로 육지의 물을 이용합니다. 바닷물에는 소금이 많이 녹아 있으므로 바닷물을 모아 햇빛에 말리거나 바닷물을 끓여 소금을 얻을 수 있습니다.

12 바닷가에서는 모래사장(㉠), 가파른 절벽(㉡), 갯벌(㉣), 동굴, 구멍 뚫린 바위 등 다양한 지형을 볼 수 있습니다. 산(㉢)은 육지에서 볼 수 있습니다.

13 바닷가에서는 구멍 뚫린 바위, 동굴, 절벽, 모래사장, 갯벌 등 다양한 지형을 볼 수 있습니다.

14 바닷물이 육지 쪽으로 밀려 들어오는 것을 밀물이라고 하고, 밀물일 때 바닷물의 높이가 높아집니다.

15 물만 있는 수조의 높이를 낮게 하면 섬이 있는 수조의 물 높이가 낮아집니다. 이것은 바닷물의 높이가 낮아지는 썰물일 때를 나타냅니다.

16 바닷물이 밀려 들어오는 밀물일 때는 물에 잠기고 바닷물이 빠져나가는 썰물일 때는 물 밖으로 드러나는 편평한 땅을 갯벌이라고 합니다.

17 바닷물이 바다 쪽으로 빠져나가는 썰물일 때 바닷물의 높이가 낮아지고 갯벌이 드러납니다.

채점 기준	
상	썰물일 때라고 쓰고, 그 까닭을 바닷물의 높이 변화와 관련지어 옳게 썼다.
하	썰물일 때라고 썼으나, 그 까닭을 쓰지 못했다.

18 우리나라 갯벌은 밀물일 때와 썰물일 때 바닷물의 높이 차이가 큰 서해안과 남해안에 많이 있습니다.

19 나문재는 갯벌에 사는 식물이고 개미, 고양이, 메뚜기는 갯벌에 사는 생물이 아닙니다.

20 갯벌에는 다양한 생물이 살고 있습니다.

서술형 평가 16쪽

1 (모범 답안) 우리 주변에 대기가 있기 때문이다.
2 (1) 바닷물 (2) (모범 답안) 바닷물에는 소금 등의 여러 가지 물질이 많이 녹아 있기 때문이다.
3 (1) ㉠ (2) (모범 답안) 밀물일 때는 바닷물의 높이가 높아지고, 썰물일 때는 바닷물의 높이가 낮아진다.
4 (모범 답안) 갯벌은 자연재해로 생기는 피해를 줄여준다. 갯벌에서 생태 체험을 할 수 있다. 등

1 눈에 보이지 않지만 우리 주변에 대기가 있기 때문에 깃발이 펄럭이고 비눗방울을 불 수 있습니다.

채점 기준
우리 주변에 대기가 있기 때문이라고 옳게 썼다.

2 바닷물은 육지의 물과 달리 소금 등의 물질이 많이 녹아 있어 생활하는 데 이용하기에 알맞지 않습니다.

채점 기준	
상	마시거나 몸을 씻는 데 이용할 수 없는 물과 그 까닭을 옳게 썼다.
하	마시거나 몸을 씻는 데 이용할 수 없는 물을 썼으나, 그 까닭을 쓰지 못했다.

3 밀물일 때는 바닷물의 높이가 높아지면서 갯벌이나 해변이 바닷물에 잠기고(㉠), 썰물일 때는 바닷물의 높이가 낮아지면서 갯벌이나 해변이 드러납니다(㉡).

채점 기준	
상	밀물일 때의 모습을 고르고, 밀물일 때와 썰물일 때 바닷물의 높이 변화를 비교해 옳게 썼다.
하	밀물일 때의 모습을 골랐으나, 밀물일 때와 썰물일 때 바닷물의 높이 변화를 비교해 쓰지 못했다.

4 생명과 환경에 이로운 영향을 주는 갯벌을 소중하게 여기고 잘 보전해야 합니다.

채점 기준
갯벌의 가치를 한 가지 더 옳게 썼다.

수행 평가 17쪽

1 (1) (모범 답안) 바다 칸이 육지 칸보다 더 많다.
(2) (모범 답안) 지구 표면에서 바다가 육지보다 더 넓기 때문이다.
2 (1) (모범 답안) 흰색이고, 손으로 만져 보면 거칠거칠하다. (2) (모범 답안) 소금, 바닷물은 짠맛이 나기 때문이다.

1 (1) 육지 칸의 개수는 3칸이고 바다 칸의 개수는 9칸으로, 바다 칸이 육지 칸보다 더 많습니다.

채점 기준
육지 칸과 바다 칸의 개수를 비교해 옳게 썼다.

(2) 지구 모형에서 바다 칸이 육지 칸보다 더 많으므로 바다가 육지보다 더 넓다는 것을 알 수 있습니다. 우주에서 지구를 찍은 사진을 보면 바다가 육지보다 더 넓어 전체적으로 푸른색으로 보입니다.

채점 기준
우주에서 지구를 보면 푸른색으로 보이는 까닭을 육지와 바다의 면적과 관련지어 옳게 썼다.

2 (1) 바닷물을 가열하면 흰색 가루가 남고, 가루를 손으로 만져 보면 거칠거칠합니다.

채점 기준	
상	증발 접시에 남아 있는 물질의 색깔과 만져 본 느낌을 옳게 썼다.
하	증발 접시에 남아 있는 물질의 색깔과 만져 본 느낌 중 한 가지만 옳게 썼다.

(2) 증발 접시에 남아 있는 물질은 바닷물에 녹아 있던 물질이고, 바닷물은 짠맛이 나므로 증발 접시에 남아 있는 물질은 짠맛이 날 것입니다. 따라서 흰색이고 거칠거칠하며 짠맛이 나는 물질은 소금일 것입니다.

채점 기준	
상	증발 접시에 남아 있는 물질을 추측하고 그 까닭을 옳게 썼다.
하	증발 접시에 남아 있는 물질이 소금일 것이라고 추측하였으나, 그 까닭을 쓰지 못했다.

3. 소리의 성질

단원 정리
18~19쪽

❶ 떨림　　❷ 큰　　❸ 작은
❹ 높게　　❺ 낮게　　❻ 높은
❼ 낮은　　❽ 액체　　❾ 소음
❿ 세기

쪽지 시험
20쪽

1 다양한　　2 나는　　3 큰
4 큰　　5 높은　　6 길수록
7 기체　　8 고체
9 해를 끼칠 수 있는
10 전달되지 않게

단원 평가
21~23쪽

1 준서　　2 （모범 답안）페트병을 긁어서 소리를 낸다. 페트병을 불어서 소리를 낸다. 등
3 ①, ②　　4 ㉡　　5 (가)
6 ㉢　　7 ③
8 （모범 답안）글로켄슈필을 세게 칠 때 나는 소리의 세기가 약하게 칠 때 나는 소리의 세기보다 크다.
9 ④　　10 높은　　11 ㉠
12 ③　　13 ㉡　　14 ④
15 （모범 답안）장치에서 공기를 뺀다.
16 ⑤　　17 준서　　18 ④
19 ㉠　　20 ㉡

1 한 가지 물체라도 여러 가지 방법으로 다양한 소리를 낼 수 있습니다. 페트병을 두드릴 때 나는 소리와 종이를 구길 때 나는 소리는 다릅니다.

2 페트병을 긁거나 부는 등 다양한 방법으로 여러 가지 소리를 낼 수 있습니다.

채점 기준	
상	페트병을 이용해 소리를 내는 방법을 두 가지 옳게 썼다.
하	페트병을 이용해 소리를 내는 방법을 한 가지만 옳게 썼다.

3 소리가 나는 물체는 떨림이 있습니다. 따라서 소리가 나는 목, 소리가 나는 스피커와 같이 소리가 나는 물체에 손을 대면 손에 떨림이 느껴집니다.

4 소리가 나는 소리굽쇠는 떨림이 있어 물에 대면 물이 사방으로 튑니다.

5 작은북을 세게 치면 큰 소리가 나고 플라스틱 조각이 높게 튀어 오릅니다.

6 북을 치는 세기에 따라 북이 떨리는 정도가 달라져 소리의 세기가 달라집니다.

오답 바로잡기

㉠ 물체가 작게 떨리면 큰 소리가 난다.
　↳ 물체가 작게 떨리면 작은 소리가 납니다.
㉡ 물체가 크게 떨리면 작은 소리가 난다.
　↳ 물체가 크게 떨리면 큰 소리가 납니다.

7 소리의 크고 작은 정도를 소리의 세기라고 합니다.

8 물체가 크게 떨리면 큰 소리가 나고, 물체가 작게 떨리면 작은 소리가 납니다. 따라서 글로켄슈필을 세게 치면 큰 소리가 나고 약하게 치면 작은 소리가 납니다.

채점 기준	
글로켄슈필을 세게 칠 때와 약하게 칠 때 나는 소리의 세기를 옳게 비교하여 썼다.	

9 불이 나면 화재경보기에서 큰 소리가 납니다.

10 실로폰 음판의 길이가 짧을수록 높은 소리가 납니다.

11 금속 자를 짧게 놓고 튕기면 높은 소리가 나고, 금속 자를 길게 놓고 튕기면 낮은 소리가 납니다.

12 칼림바 건반의 길이가 길수록 낮은 소리가 납니다.

13 작은북과 트라이앵글은 같은 높이의 음을 내는 악기로, 소리의 세기를 다르게 하여 연주합니다.

14 뱃고동 소리는 낮은 소리를 이용하는 예이고, 구급차의 경보음, 화재경보기 소리, 안전 요원의 호루라기 소리는 높은 소리를 이용하는 예입니다.

15 소리가 기체인 공기를 통해 전달되므로 장치에서 공기를 빼면 소리가 잘 전달되지 않아 소리가 작아집니다.

채점 기준	
스피커의 소리를 작아지게 하는 방법을 옳게 썼다.	

16 ①, ②는 기체인 공기를 통해 소리가 전달되는 경우이고, ③, ④는 고체를 통해 소리가 전달되는 경우입니다.

17 고체인 실을 통해 소리가 전달되어 숟가락을 두드리는 소리가 잘 들립니다.

- 서은: 아무 소리도 들리지 않아.
  ↳ 실을 통해 소리가 전달되어 숟가락을 두드리는 소리가 들립니다.
- 하율: 소리가 액체를 통해 전달된다는 것을 확인할 수 있어.
  ↳ 소리가 고체를 통해 전달된다는 것을 확인할 수 있습니다.

18 공연장은 음악을 듣기 위해 찾는 곳이므로 공연장에서 나는 노랫소리는 소음이라고 보기 어렵습니다.

19 방음벽을 설치하면 공사장에서 나는 소음이 전달되는 것을 줄일 수 있습니다.

20 이중창은 소리가 잘 전달되지 않게 하여 소음을 줄이는 장치입니다.

서술형 평가 　24쪽

1 (1) 모범답안 손에 떨림이 느껴진다. (2) 모범답안 소리가 나는 트라이앵글에 손을 대서 떨림을 멈추면 소리가 나지 않는다.
2 모범답안 금속 자를 짧게 잡을수록 높은 소리가 난다.
3 모범답안 소리가 물을 통해 전달되기 때문이다.
4 (1) 모범답안 다른 사람을 불쾌하게 만들거나 다른 사람에게 해를 끼칠 수 있는 시끄러운 소리이다. (2) 모범답안 이중창이나 커튼을 설치하여 소리가 잘 전달되지 않게 한다.

1 (1) 소리가 나는 물체는 떨림이 있습니다. 따라서 소리가 나는 물체에 손을 살짝 대면 떨림이 느껴집니다.

채점 기준	
손에 떨림이 느껴진다고 옳게 썼다.	

(2) 소리가 나는 물체에서 소리가 나지 않게 하려면 물체가 떨리지 않게 해야 합니다.

채점 기준	
상	트라이앵글에 손을 대서 떨리지 않게 한다고 옳게 썼다.
하	트라이앵글 손을 댄다고 썼다.

2 소리가 나는 물체의 길이가 짧을수록 높은 소리가 납니다.

채점 기준	
금속 자를 짧게 잡을수록 높은 소리가 난다고 옳게 썼다.	

3 소리가 물을 통해 전달되기 때문에 수중 발레 선수가 물속의 스피커에서 나는 음악 소리를 들을 수 있습니다.

채점 기준	
상	소리가 물을 통해 전달되기 때문이라고 옳게 썼다.
하	소리가 전달되기 때문이라고만 썼다.

4 (1) 다른 사람을 불쾌하게 만들거나 다른 사람에게 해를 끼칠 수 있는 시끄러운 소리를 소음이라고 합니다.

채점 기준	
소음의 의미를 옳게 썼다.	

(2) 벽에 소리가 잘 전달되지 않는 물질을 붙이거나 음악 소리를 줄이는 방법도 있습니다.

채점 기준	
상	소음을 줄이는 방법을 소리의 성질과 관련지어 옳게 썼다.
하	소음을 줄이는 방법을 옳게 썼으나 소리의 성질과 관련짓지 못하였다.

수행 평가 　25쪽

1 (1) ㉠ (2) 모범답안 소리가 나는 물체는 떨림이 있다.
2 (1) ㉠ (2) 모범답안 작은북을 세게 치면 북이 크게 떨리면서 플라스틱 조각이 높게 튀어 오르고 큰 소리가 나기 때문이다.

1 (1) 소리가 나는 소리굽쇠는 떨림이 있어 물에 대었을 때 물이 사방으로 튑니다.
(2) 소리가 나는 소리굽쇠를 물에 댈 때만 물이 튀므로 소리가 나는 물체는 떨림이 있다는 사실을 알 수 있습니다.

채점 기준	
소리가 나는 물체의 특징을 옳게 썼다.	

2 (1) ㉠은 작은북을 세게 친 모습이고 ㉡은 작은북을 약하게 친 모습이므로 ㉠에서 더 큰 소리가 납니다.
(2) 북채로 작은북을 치는 세기에 따라 북이 떨리는 정도가 달라지며, 이에 따라 소리의 세기와 플라스틱 조각이 튀어 오르는 정도가 달라집니다.

채점 기준	
상	제시된 낱말을 모두 사용하여 옳게 썼다.
하	제시된 낱말 중 일부만 사용하여 옳게 썼다.

4. 감염병과 건강한 생활

1 감염병은 병원체가 몸에 들어와 걸리는 질병이며, 사람이 많이 모이는 장소에서 유행하기 쉽습니다. 또 독감, 수두, 유행성 각결막염 등 종류가 다양합니다.

2 발의 피부가 허옇게 되거나 갈라지며 간지러운 것은 무좀의 증상입니다.

3 감염병이 유행하면 손님이 없어서 가게들이 문을 닫고, 많은 사람이 식당에 모여 식사할 수 없습니다.

4 감염병은 짧은 시간 동안 많은 사람이 감염될 수 있기 때문에 위험합니다.

5 실험을 통해 악수를 하면서 형광 로션(병원체)이 다른 사람의 손에 닿아(병원체가 손을 통해 다른 사람에게 옮겨 가는 것) 손에서 손으로 퍼지는 것을 확인할 수 있습니다.

채점 기준
실험에서 형광 로션이 다른 사람의 손에 닿는 것을 손을 접촉하여 감염되는 과정과 관련지어 옳게 썼다.

6 실내에서 환기를 하지 않는 습관이 있으면 공기 중에 떠다니는 병원체가 눈, 코, 입으로 들어와 감염병에 걸릴 수 있습니다.

7 병원체에 오염된 물을 끓이지 않고 마시면 감염병에 걸릴 수 있습니다.

8 감염병으로부터 안전한 사회에서는 도서관과 같은 공공시설을 자유롭게 이용할 수 있습니다.

9 감염병으로부터 안전한 사회를 만들기 위해 개인은 손을 자주 씻기, 국가는 감염병 백신이나 치료제를 개발하기 등의 노력을 할 수 있습니다. 이처럼 감염병으로부터 안전한 사회를 만들려면 개인과 사회가 감염병에 관심을 가지고 감염병이 유행하지 않도록 노력해야 합니다.

10 실험에서 선풍기로 바람을 불어 넣는 것은 실제로 기침이나 재채기를 하는 것을 의미합니다. 마스크 모형이 없을 때와 끼웠을 때 뒷부분에 모이는 바이러스 모형의 개수를 비교하여 마스크 쓰기가 감염병 예방에 도움이 되는 것을 확인할 수 있습니다.

11 실험 결과 마스크 모형을 끼웠을 때 뒷부분에서 더 적은 수의 바이러스 모형이 관찰됩니다. 따라서 마스크를 쓰면 병원체가 공기나 비말에 섞여 들어오는 것을 막을 수 있다는 것을 알 수 있습니다.

오답 바로잡기

㉠ 마스크를 쓰는 것은 감염병 예방에 도움이 되지 않는다.
↳ 마스크를 쓰는 것은 감염병 예방에 도움이 됩니다.

ⓛ 문과 창문을 열어 자주 환기하는 것이 감염병 예방에 도움이 된다.
↳ 이 실험을 통해서는 마스크 쓰기가 감염병 예방에 도움이 된다는 사실을 알 수 있습니다.

12 병원체가 묻은 물건을 만져도 감염병에 걸릴 수 있기 때문에 감염병에 걸린 사람이 사용한 물건은 사용하지 않아야 합니다. 감염병에 걸리지 않고 안전하고 건강한 생활을 하기 위해 감염병 예방 수칙을 실천하는 것이 중요합니다.

채점 기준	
상	잘못 설명한 사람의 이름을 쓰고, 옳게 고쳐 썼다.
하	잘못 설명한 사람의 이름만 옳게 썼다.

1 (1) ㉠ (2) 모범 답안 감염병은 병원체가 몸에 들어와 걸리는 질병이다.

2 ㉡, 모범 답안 병원체에 오염된 물이 몸속으로 들어와 감염되었다.

3 모범 답안 감염병에 대한 예방 교육뿐만 아니라 올바른 인식과 실천 방법을 안내한다. 학교 안에서 일어나는 감염병을 빠르게 발견하고 신속하게 대처하여 감염병 유행을 막는다. 등

4 모범 답안 기침이나 재채기를 할 때에는 휴지나 옷소매로 입과 코를 가린다.

1 볼거리에 걸리면 볼이 붓고 볼에 통증이 나타납니다. 유행성 각결막염에 걸리면 눈이 빨개지고 가려우며, 눈곱이 낍니다. 볼거리, 유행성 각결막염과 같은 감염병은 병원체가 몸에 들어와 걸리는 질병입니다.

채점 기준	
상	(1)에서 볼거리를 옳게 쓰고, (2)에서 감염병의 뜻을 옳게 썼다.
하	(1)에서 볼거리에 해당하는 ㉠과 (2)에서 감염병의 뜻 중 한 가지만 옳게 썼다.

2 병원체에 오염된 물을 끓이지 않고 마시면 물을 통해 감염병에 걸릴 수 있습니다. 이처럼 감염 과정은 생활 습관과 관련이 있습니다.

채점 기준	
상	감염병에 걸린 것과 관련된 생활 습관을 고르고, 감염 과정을 옳게 썼다.
하	감염병에 걸린 것과 관련된 생활 습관을 옳게 골랐으나 감염 과정을 옳게 쓰지 못했다.

3 감염병으로부터 안전한 사회를 만들기 위해 학교에서는 감염병에 대한 예방 교육뿐만 아니라 올바른 인식과 실천 방법을 안내하기, 학교 안에서 일어나는 감염병을 빠르게 발견하고 대처하여 감염병의 유행을 막기 등의 노력을 할 수 있습니다.

채점 기준	
상	감염병으로부터 안전한 사회를 만들기 위해 학교가 할 수 있는 노력 두 가지를 모두 옳게 썼다.
하	감염병으로부터 안전한 사회를 만들기 위해 학교가 할 수 있는 노력 중 한 가지만 옳게 썼다.

4 기침 예절을 지키지 않으면 다른 사람에게 비말이 튀어 감염병에 걸릴 수 있습니다. 기침이나 재채기를 할 때에는 휴지나 옷소매로 입과 코를 가려야 합니다.

채점 기준
기침 예절에 대한 감염병 예방 수칙을 옳게 썼다.

1 (1) ㉠: 모범 답안 기침이나 재채기로 입에서 튀어나오는 침방울(비말) ㉡: 모범 답안 다른 사람에게 침방울(비말)이 튀는 것 (2) 모범 답안 기침 예절을 지키지 않는 습관

2 (1) ㉠: 많이 생겼다. ㉡: 거의 보이지 않는다
(2) 모범 답안 비누로 손을 씻으면 손에 있는 병원체를 없앨 수 있으므로, 감염병을 예방하는 데 도움이 된다.

1 (1) 분무기에서 나오는 물방울을 기침이나 재채기로 입에서 튀어나오는 침방울(비말)이라고 할 때, 색 도화지에 물방울이 닿는 것은 다른 사람에게 침방울(비말)이 닿는 것을 나타냅니다.

채점 기준	
상	㉠과 ㉡이 실제로 나타내는 것을 모두 옳게 썼다.
하	㉠과 ㉡이 실제로 나타내는 것을 한 가지만 옳게 썼다.

(2) 실험을 통해 침방울(비말)을 통한 감염 과정을 확인할 수 있습니다. 입을 가리지 않고 기침을 하면 침방울(비말)이 튀어 감염병에 걸릴 수 있습니다.

채점 기준
비말을 통한 감염 과정과 관련된 생활 습관을 옳게 썼다.

2 (1) 실험 결과 손을 씻기 전의 배지에는 빨간 점이 많이 생기고, 손을 씻은 후의 배지에는 빨간 점이 거의 보이지 않는 것을 확인할 수 있습니다.

채점 기준	
상	㉠과 ㉡을 모두 옳게 표시하였다.
하	㉠과 ㉡ 중 한 가지만 옳게 표시하였다.

(2) 실험 결과 손을 씻은 후의 배지에는 빨간 점이 거의 보이지 않는 것을 통해 비누로 평소에 오염되어 있는 손을 씻으면 손에 있는 병원체가 없어진다는 것을 알 수 있습니다.

채점 기준
손을 씻으면 손에 있는 병원체를 없앨 수 있다고 옳게 썼다.

visang
ONLY
META

10일간 전과목 전학년
0원 무제한 학습!

900만*의 압도적 선택
우리 반 1등의 성적 비결
비상교육 온리원 초등

온리원 학부모
10명 중 9명 재구매!*

교과서 발행사
11,694개 학교에서
사용하는 비상 교과서

검증된 학습법
개뼈노트 업로드 수
80만 건 돌파!

업계 유일
전과목 그룹형
라이브 화상수업

특허* 받은
메타인지 학습법으로
오래 기억되는 공부

독점 강의
초등 베스트셀러 교재
독점 강의 제공

ONLY
META

*2000년 이후 수박씨닷컴, 와이즈캠프, 온리원 키즈/초등/중등 누적 회원가입 수 기준
*2025년 1월 온리원 초등 수강생 재재구매율 87.8% 기준
*특허 등록 제 10-2374101

비상교육 온리원 ▼

문의 1588-6563 | 비상교육 온리원 only1.co.kr

오·투·시·리·즈 생생한 시각자료와 탁월한 콘텐츠로 과학 공부의 즐거움을 선물합니다.

대표전화 1544-0554
주소 경기도 과천시 과천대로2길 54(갈현동, 그라운드브이)

2022 개정 교육과정

생생한 과학의 즐거움!

과학은 역시!

오투 실전책

2

초등과학

3·2

책 속의 가접 별책 (특허 제 0557442호)
'실전책'은 본책에서 쉽게 분리할 수 있도록 제작되었으므로
유통 과정에서 분리될 수 있으나 파본이 아닌 정상제품입니다.

단원 평가 대비

•단원 정리   •쪽지 시험   •단원 평가
•서술형 평가   •수행 평가

visang

ABOVE IMAGINATION

우리는 남다른 상상과 혁신으로
교육 문화의 새로운 전형을 만들어
모든 이의 행복한 경험과 성장에 기여한다

오투 실전책

초등과학 3·2

1. 물체와 물질

개념 ① 물체를 이루는 물질의 성질

개념 ② 물질의 종류에 따른 물체의 분류

1 물체를 이루는 물질의 성질

① **물체**: 쓰임새와 형태가 있으며 공간을 차지하는 것
② ❶ [   ] : 물체를 만드는 재료
③ 여러 가지 물질의 성질

물질		성질
나무		• 물에 뜨고, 금속보다 가볍습니다. • 고유한 향과 무늬가 있습니다.
금속		• ❷ [ ] 이 있습니다. • 다른 물질보다 단단합니다.
유리		• 투명하고 표면이 매끄럽습니다. • 다른 물체와 부딪치면 잘 깨집니다.
플라스틱		• 비교적 가볍고 단단합니다. • 다양한 모양과 색깔의 물체를 쉽게 만들 수 있습니다.

2 물질의 종류에 따른 물체의 분류

① 우리 주변의 물체는 물질의 종류에 따라 분류할 수 있습니다.

물질	물체		
나무	▲ 나무 도마	▲ 나무 주걱	▲ 가구
금속	▲ 아령	▲ 금속 캔	▲ 집게
❸ [ ]	▲ 유리컵	▲ 유리 그릇	▲ 어항
플라스틱	▲ 장난감	▲ 블록	▲ 빗
❹ [ ]	▲ 타이어	▲ 풍선	▲ 지우개

② 한 가지 물질로 이루어진 물체도 있지만, 두 가지 이상의 물질로 이루어진 물체(예 소화기, 창문 등)도 있습니다.

3 고체와 액체의 성질

구분	고체	액체
정의	담는 용기가 바뀌어도 모양과 ❺ ☐ 가 변하지 않는 물질의 상태	담는 용기에 따라 ❻ ☐ 은 변하지만, 부피는 변하지 않는 물질의 상태
성질	• 눈으로 볼 수 있고, 손으로 잡을 수 있습니다. • 담는 용기에 관계없이 모양과 부피가 변하지 않습니다.	• 눈으로 볼 수 있지만, 흘러내려서 손으로 잡을 수 없습니다. • 담는 용기에 따라 모양이 변하지만, 부피는 변하지 않습니다.
예	나무 도마, 블록, 시계, 미끄럼틀, 그네 등	간장, 식초, 우유, 식용유, 유리 세정제 등

4 기체의 성질

① **기체**: 공기처럼 담는 용기에 따라 ❼ ☐ 이 변하고, 담긴 용기를 가득 채우는 물질의 상태

② **기체의 성질**

5 물질의 성질을 이용한 물체

물질마다 성질이 다르므로 물체의 ❽ ☐ 에 알맞은 물질을 선택하여 물체를 만들면 더 편리하게 사용할 수 있습니다.

물체	물질	이용한 물질의 성질
탁자와 의자	❾ ☐	가볍고 여러 가지 모양으로 만들 수 있는 성질을 이용합니다.
인공 폭포	물	흐르는 성질을 이용합니다.
공기 침대	공기	❿ ☐ 을 차지하는 성질을 이용합니다.

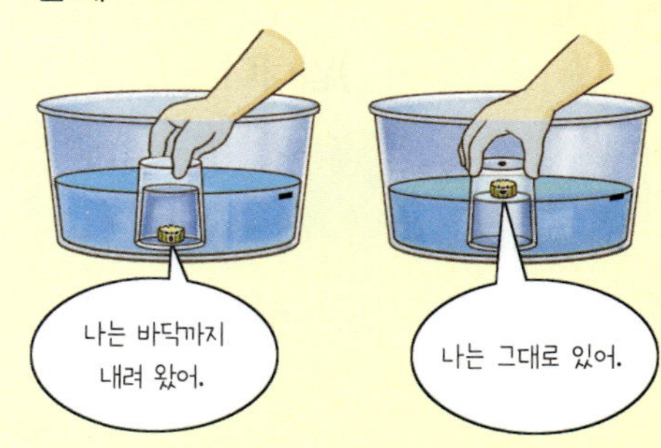

쪽지 시험   1. 물체와 물질

이름	맞은 개수

1 (물질, 물체)은/는 쓰임새와 형태가 있으며 공간을 차지하는 것입니다.

2 나무, 금속, 유리, 플라스틱 중 가장 단단하고 무거우며 표면에 광택이 있는 물질은 어느 것입니까?

3 타이어, 풍선, 지우개는 (   )(으)로 이루어져 있습니다.

4 (주스, 플라스틱 막대)는 여러 가지 모양의 용기에 옮겨 담았을 때 모양이 변하지 않습니다.

5 담는 용기가 바뀌어도 모양과 부피가 변하지 않는 물질의 상태는 (   )입니다.

6 물, 우유, 간장, 식용유의 상태는 모두 (   )입니다.

7 기체는 담는 용기에 따라 (   )이/가 변하고, 담긴 용기를 가득 채웁니다.

8 (나무 막대, 물, 공기)은/는 손으로 잡을 수 있습니다.

9 의자의 등받이와 앉는 부분을 (금속, 플라스틱)으로 만들면 가벼우면서도 단단합니다.

10 타이어 안에는 타이어 모양을 유지하려고 (고무, 공기, 물)을/를 채워 넣습니다.

단원 평가   1. 물체와 물질

이름	맞은 개수

1 다음 (   ) 안에 알맞은 말을 써 봅시다.

> 물체를 만드는 재료로, 유리컵과 유리 그릇은 유리라는 (   )(으)로 만든다.

(   )

2 오른쪽 물체와 같은 물질로 이루어진 물체는 어느 것입니까? (   )

▲ 아령

① 옷   ② 유리컵   ③ 고무줄
④ 금속 캔   ⑤ 고무 장화

3 다음과 같은 성질이 있는 물질은 어느 것입니까? (   )

> • 금속보다 가볍고, 고유한 향과 무늬가 있다.
> • 가구, 주걱, 젓가락 등을 만들 때 사용한다.

① 나무   ② 고무   ③ 유리
④ 섬유   ⑤ 플라스틱

4 고무의 성질로 옳지 <u>않은</u> 것을 보기 에서 골라 기호를 써 봅시다.

> **보기**
> ㉠ 투명하다.
> ㉡ 쉽게 구부러진다.
> ㉢ 잡아당기면 늘어났다가 놓으면 다시 돌아온다.

(   )

중요

5 다음은 나무판으로 금속판을 긁어 보았을 때의 결과입니다. 이 실험 결과를 통해 알 수 있는 사실은 어느 것입니까? (   )

> 금속판이 긁히지 않았다.

① 나무는 무늬가 있다.
② 금속은 광택이 있다.
③ 나무는 금속보다 단단하다.
④ 금속은 나무보다 단단하다.
⑤ 금속과 나무의 단단한 정도는 비교할 수 없다.

6 오른쪽은 크기가 같은 네 종류의 판을 물에 넣었을 때의 결과입니다. 이 실험 결과를 통해 알 수 있는 사실로 옳은 것은 어느 것입니까? (   )

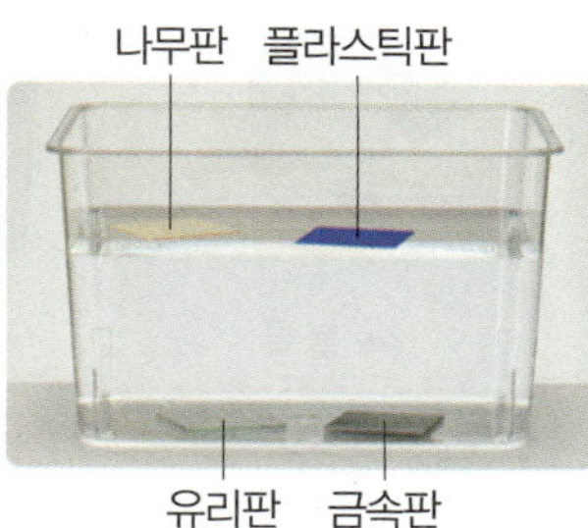

① 금속은 물에 젖는다.
② 나무와 유리는 성질이 같다.
③ 플라스틱과 나무는 물에 뜬다.
④ 나무와 금속은 물에 가라앉는다.
⑤ 플라스틱과 나무는 무게가 같다.

서술형

7 오른쪽 어항과 같은 물질로 분류할 수 있는 물체를 <u>두 가지</u> 쓰고, 어떤 물질로 이루어져 있는지 써 봅시다.

____

____

중요

8 물체와 그 물체를 이루는 물질을 짝 지은 것으로 옳지 <u>않은</u> 것은 어느 것입니까? (　　　)

물체	물질
① 손톱깎이	금속
② 지우개	고무
③ 어항	유리
④ 타이어	플라스틱
⑤ 나무 도마	나무

9 다음 물체들을 공통으로 이루고 있는 물질은 어느 것입니까? (　　　)

▲ 블록

▲ 휴지통

▲ 바구니

① 금속　　② 나무　　③ 고무
④ 유리　　⑤ 플라스틱

중요

10 나무 막대와 플라스틱 막대의 공통점으로 옳지 <u>않은</u> 것은 어느 것입니까? (　　　)

▲ 나무 막대

▲ 플라스틱 막대

① 단단하다.
② 모양이 일정하다.
③ 눈으로 볼 수 있다.
④ 손으로 잡을 수 있다.
⑤ 담긴 용기를 항상 가득 채운다.

[11~12] 다음은 나무 막대를 여러 가지 모양의 투명한 용기에 옮겨 담은 모습입니다.

11 위 나무 막대는 고체, 액체, 기체 중 무엇인지 써 봅시다.

(　　　　　　　　)

서술형

12 여러 가지 모양의 용기에 담긴 나무 막대를 보고 나무 막대의 성질을 모양과 부피와 관련지어 써 봅시다.

____

____

13 액체 상태인 것은 어느 것입니까? (　　　)

① ▲ 나무 도마
② ▲ 금속 캔
③ ▲ 우유
④ ▲ 블록
⑤ ▲ 튜브 안의 공기

14 위 ㉡과 ㉢ 용기에 담긴 물의 모양은 서로 같은지, 다른지 써 봅시다.

( )

중요
15 위 실험에서 처음에 담은 물의 높이와 ㉠ 용기에 다시 옮겨 담은 물의 높이를 비교하여 알 수 있는 사실은 어느 것입니까? ( )

① 물은 색깔이 없다.
② 물은 흐르는 성질이 있다.
③ 물은 손으로 잡을 수 없다.
④ 물은 담는 용기가 바뀌면 부피가 변한다.
⑤ 물은 담는 용기가 바뀌어도 부피가 변하지 않는다.

서술형
16 오른쪽과 같이 바닥에 구멍이 뚫리지 않은 플라스틱 컵을 뒤집어 수조 바닥까지 밀어 넣으면 수조 안 물의 높이가 높아집니다. 그 까닭을 써 봅시다.

____

____

17~18 다음 보기 는 우리 주변에 있는 여러 가지 물질이나 물체를 나타낸 것입니다.

보기
㉠ 주스　　　　㉡ 가위
㉢ 시계　　　　㉣ 바닷물
㉤ 타이어 속 공기　　㉥ 비눗방울 속 공기

17 다음과 같은 성질을 가진 것을 보기 에서 두 가지 골라 기호를 써 봅시다.

• 눈으로 볼 수 있지만, 손으로 잡을 수 없다.
• 담는 그릇에 따라 모양이 변하지만, 부피는 변하지 않는다.

( )

18 풍선 속 공기와 같은 상태인 것을 보기 에서 두 가지 골라 기호를 써 봅시다.

( )

중요
19 오른쪽 책상의 몸체 부분에 사용된 물질과 쓰임새와 관련된 그 물질의 성질을 옳게 짝 지은 것은 어느 것입니까?

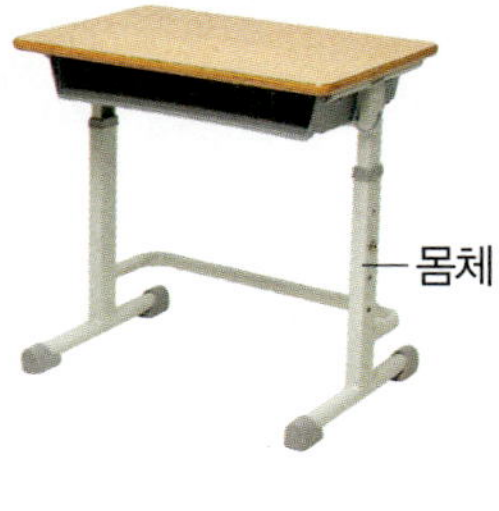

( )

① 플라스틱 – 가볍다.
② 유리 – 광택이 있다.
③ 고무 – 잘 미끄러지지 않는다.
④ 금속 – 다른 물질보다 튼튼하다.
⑤ 나무 – 고유한 향과 무늬가 있다.

서술형
20 자전거 타이어를 고무로 만들 때의 좋은 점을 한 가지 써 봅시다.

____

____

서술형 평가　1. 물체와 물질

1 다음은 도끼로 나무를 패는 모습입니다.

(1) 위 도끼의 날 부분을 이루고 있는 물질은 무엇인지 써 봅시다.

(　　　　　　　　　　)

(2) 위와 같이 도끼로 나무를 팰 수 있는 까닭을 물질의 성질과 관련지어 써 봅시다.

____

____

2 다음은 여러 가지 모양의 용기에 주스를 옮겨 담은 모습입니다. 이를 통해 알 수 있는 액체의 성질을 <u>한 가지</u> 써 봅시다.

____

____

3 다음과 같이 바닥에 구멍이 뚫리지 않은 플라스틱 컵과 구멍이 뚫린 플라스틱 컵으로 각각 물 위에 띄운 페트병 뚜껑을 덮은 뒤 컵을 수조 바닥까지 밀어 넣었습니다. 실험 결과 페트병 뚜껑의 위치는 어떻게 되는지 ㉠과 ㉡을 비교하여 써 봅시다.

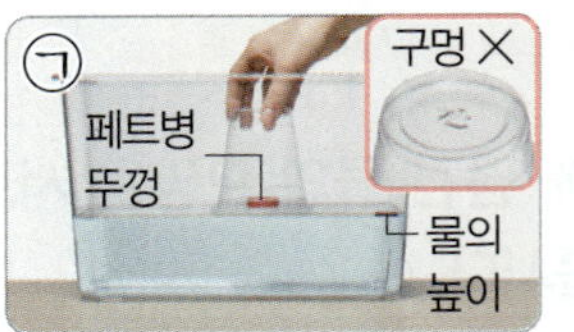

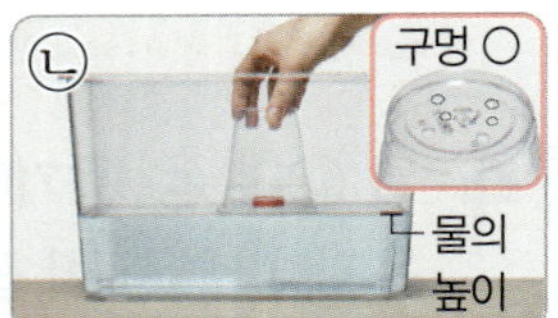

____

____

4 다음은 여러 가지 물질 또는 물체의 모습입니다.

▲ 튜브 안의 공기　　▲ 비눗방울 안의 공기　　▲ 구슬

(1) 기체인 것을 <u>모두</u> 골라 기호를 써 봅시다.

(　　　　　　　　　　)

(2) 위 (1)번 답에서 공통으로 이용한 기체의 성질을 써 봅시다.

____

____

수행 평가   1. 물체와 물질

평가 요소 용기에 따른 고체의 모양과 부피 변화 관찰하기

1 다음과 같이 여러 가지 모양의 용기에 나무 막대를 옮겨 담았더니 나무 막대의 모양과 부피가 변하지 않았습니다.

(1) 나무 막대 대신 플라스틱 막대로 위 실험을 했을 때 플라스틱 막대의 모양과 부피 변화를 써 봅시다.

____

(2) 위 실험으로 알 수 있는 고체의 성질을 담는 용기의 모양과 관련지어 써 봅시다.

____

평가 요소 물체의 쓰임새를 물질의 성질과 관련지어 설명하기

2 다음은 책상과 자전거의 모습입니다.

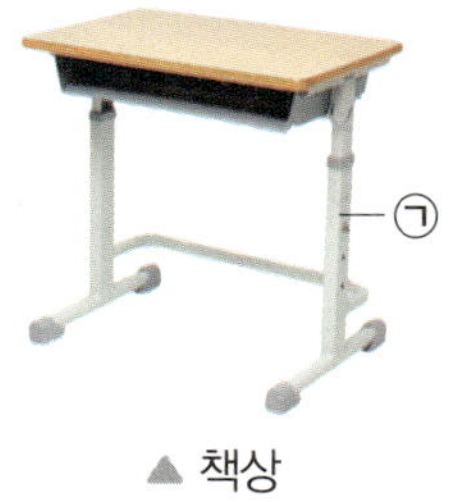

▲ 책상

▲ 자전거

(1) 두 물체의 ㉠과 ㉡ 부분에 공통으로 이용된 물질을 써 봅시다.

(   )

(2) 두 물체의 ㉠과 ㉡ 부분은 (1)에서 답인 물질의 어떤 성질을 이용한 것인지 써 봅시다.

____

개념 ① 지구를 둘러싼 기체

개념 ② 지구 표면의 모습

개념 ③ 육지의 물과 바닷물

---

1 지구를 둘러싼 기체

❶	지구를 둘러싸고 있는 공기
공기를 느낄 수 있는 방법	• 공기를 넣은 지퍼 백 입구를 조금 열고 지퍼 백을 누르면 공기가 빠져나오는 것이 느껴집니다. • 부채를 부치면 시원한 바람이 느껴집니다.
대기가 있어 나타나는 현상	• 생물이 숨을 쉴 수 있습니다. • 연을 날리고, 열기구를 탈 수 있습니다. • 바람에 깃발이나 나뭇잎이 흔들립니다. • 자전거 바퀴에 공기를 넣을 수 있습니다.

2 지구 표면의 모습

① 지구 표면의 다양한 모습

육지에서 볼 수 있는 모습	❷ 에서 볼 수 있는 모습
산, 들, 강, 호수, 사막, 빙하 등을 볼 수 있습니다.	물로 덮여 있고, 파도를 볼 수 있습니다.

② 우리나라에서 볼 수 없는 모습: 사막, 빙하 등

③ 지구의 육지와 바다 면적 비교

지구 모형에서 육지 칸과 바다 칸의 개수 비교: 육지 ❸ 바다	→	바다가 육지보다 더 넓습니다.

3 육지의 물과 바닷물

① 육지의 물과 바닷물을 가열하여 남는 물질 비교

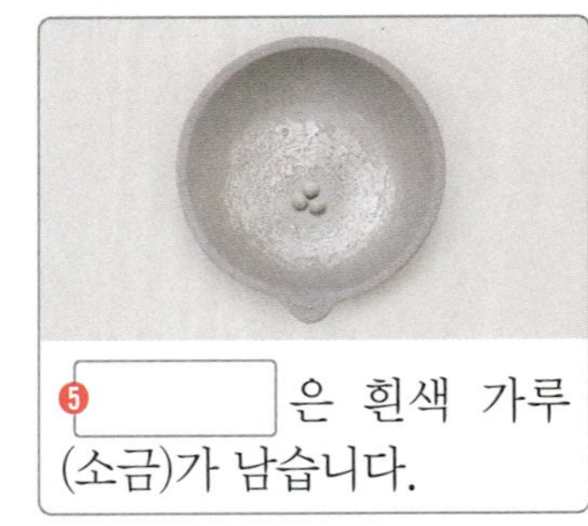

❹   은 아무것도 남지 않습니다.

❺   은 흰색 가루(소금)가 남습니다.

② 육지의 물과 비교한 바닷물의 특징
- 육지의 물은 짠맛이 나지 않지만, 바닷물은 소금 등의 여러 가지 물질이 많이 녹아 있어 짠맛이 납니다.
- 바닷물은 사람이 마시기에 적당하지 않습니다.

4 바닷가 지형

① **바닷가**: 바다와 육지가 만나는 곳
② **바닷가에서 볼 수 있는 다양한 지형**: 구멍 뚫린 바위, 동굴, 가파른 절벽, 모래사장, 갯벌 등을 볼 수 있습니다.

▲ 구멍 뚫린 바위

▲ 절벽

▲ 모래사장

③ **바닷가 지형의 특징**: 주로 ❻ [   ]에 의해 오랜 시간에 걸쳐 만들어집니다.

5 밀물과 썰물

❼ [ ]	❽ [ ]

• 바닷물이 육지 쪽으로 밀려 들어오는 것입니다. • 바닷물의 높이가 높아지고, 갯벌이 바닷물에 잠깁니다.	• 바닷물이 바다 쪽으로 빠져 나가는 것입니다. • 바닷물의 높이가 낮아지고, 갯벌이 드러납니다.

6 갯벌의 가치와 보전

① ❾ [   ]: 밀물일 때는 물에 잠기고 썰물일 때는 물 밖으로 드러나는 편평한 땅
② **갯벌의 위치**: 우리나라 갯벌은 밀물과 썰물일 때 바닷물의 높이 차이가 ❿ [   ] 서해안과 남해안에 많이 있습니다.
③ **갯벌에 사는 생물**

동물	조개, 게, 짱뚱어, 낙지, 갯지렁이, 도요새 등
식물	나문재, 칠면초, 퉁퉁마디, 해홍나물 등

④ **갯벌의 가치와 보전의 필요성**

• 갯벌은 오염 물질을 정화해 줍니다. • 갯벌은 다양한 생물이 살아가는 곳입니다. • 갯벌은 자연재해로 생기는 피해를 줄여 줍니다.	→ 생명과 환경에 이로운 갯벌을 소중하게 여기고 보전해야 합니다.

개념 ④ 바닷가 지형

개념 ⑤ 밀물과 썰물

개념 ⑥ 갯벌의 가치와 보전

| 이름 | 맞은 개수 |

쪽지 시험 2. 지구와 바다

1 지구에 (   )이/가 있어 생물이 숨을 쉬고 살 수 있습니다.

2 지구 표면 중 (육지, 바다)에서 호수를 볼 수 있습니다.

3 지구 표면의 많은 부분을 (육지, 바다)가 차지하고 있습니다.

4 육지의 물과 바닷물을 증발 접시에 각각 넣고 물이 없어질 때까지 가열하면 (육지의 물, 바닷물)은 아무것도 남지 않습니다.

5 (육지의 물, 바닷물)은 짠맛이 납니다.

6 바다와 육지가 만나는 (   )에서는 구멍 뚫린 바위, 동굴, 절벽, 모래사장, 갯벌 등을 볼 수 있습니다.

7 바닷물이 바다 쪽으로 빠져나가는 것을 (   )(이)라고 합니다.

8 (밀물, 썰물)일 때 바닷물의 높이가 높아집니다.

9 갯벌은 (밀물, 썰물)일 때 물 밖으로 드러납니다.

10 갯벌에 사는 (동물, 식물)에는 나문재, 칠면초, 퉁퉁마디, 해홍나물 등이 있습니다.

단원 평가   2. 지구와 바다

1 다음과 같이 공기를 넣은 지퍼 백 입구를 조금 열고 지퍼 백을 누르면서 손을 가까이 대어 보았습니다. 이 활동에 대한 설명으로 옳지 <u>않은</u> 것을 보기 에서 골라 기호를 써 봅시다.

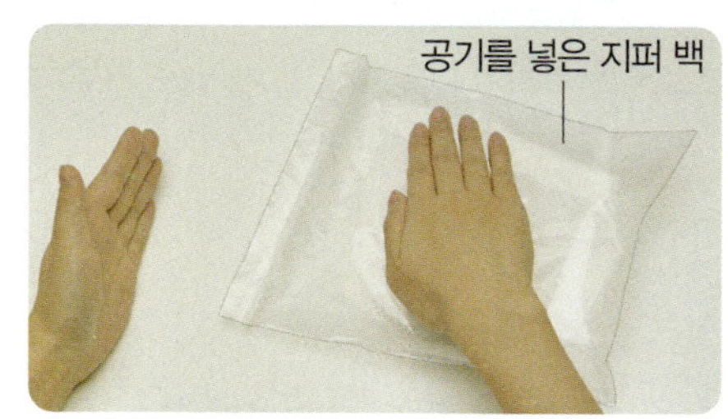

보기
㉠ 손에 시원한 느낌이 든다.
㉡ 지퍼 백 안에서 빠져나오는 공기의 모습을 볼 수 있다.
㉢ 활동을 통해 우리 주변에 대기가 있다는 것을 알 수 있다.

(　　　　　)

중요

2 대기에 대한 설명으로 옳은 것은 어느 것입니까? (　　)

① 눈에 보인다.
② 손으로 만질 수 있다.
③ 대기를 느낄 수 없다.
④ 지구를 둘러싸고 있다.
⑤ 대기가 없는 곳에서 바람개비를 들고 움직이면 바람개비가 돌아간다.

서술형

3 지구에 대기가 없다면 지구에 사는 생물은 어떻게 될지 예상해 써 봅시다.

____

____

4 다음 지구 표면의 모습 중 육지에서 볼 수 있는 모습을 골라 기호를 써 봅시다.

㉠  ▲ 강
㉡  ▲ 파도가 치는 모습

(　　　　　)

5 지구 표면의 모습에 대한 설명으로 옳지 <u>않은</u> 것은 어느 것입니까? (　　)

① 바다는 물로 덮여 있다.
② 지구 표면의 모습은 다양하다.
③ 산과 들은 육지에서 볼 수 있다.
④ 사막은 우리나라에서 볼 수 있다.
⑤ 지구 표면은 육지와 바다로 이루어져 있다.

6~7 다음은 지구 모형의 각 칸을 육지 칸과 바다 칸으로 구분하여 세어 본 결과입니다.

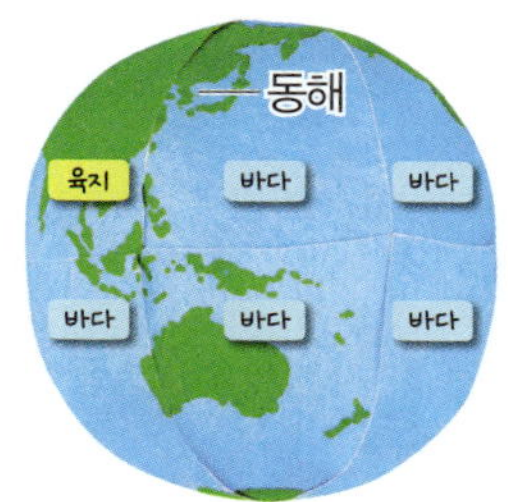

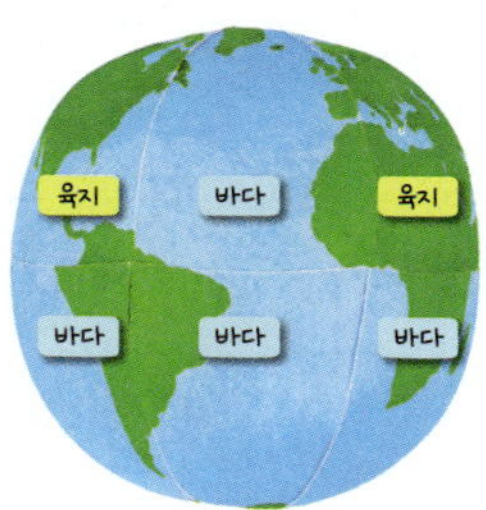

(㉠)칸	(㉡)칸
3개	9개

6 위 ㉠과 ㉡ 중 바다에 해당하는 것을 골라 기호를 써 봅시다.

(　　　　　)

중요

7 위 활동 결과로 보아 육지와 바다 중 어디가 더 넓은지 써 봅시다.

(　　　　　)

8 지구의 물에 대한 설명으로 옳지 <u>않은</u> 것은 어느 것입니까? ( )

① 육지에도 물이 있다.
② 강과 호수는 육지의 물이다.
③ 지구의 물은 대부분 육지에 있다.
④ 육지의 물과 바닷물은 맛이 다르다.
⑤ 지구의 물은 육지의 물과 바닷물로 구분한다.

9 다음은 육지의 물과 바닷물을 증발 접시에 각각 넣고 가열하는 모습입니다. 증발 접시 안에 있는 물이 없어질 때까지 가열했을 때 증발 접시에 남아 있는 물질을 비교해 써 봅시다.

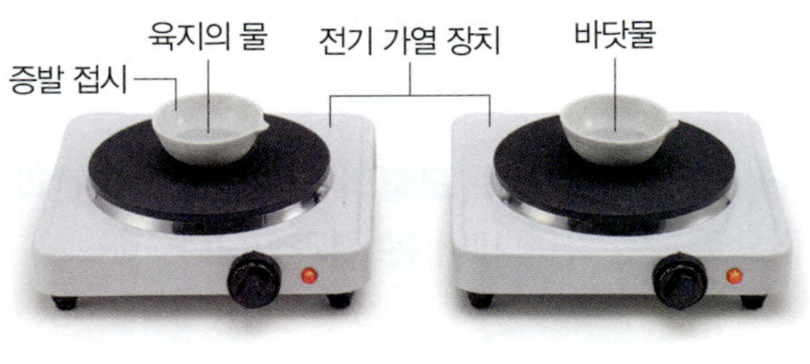

10 다음은 육지의 물과 비교한 바닷물의 특징을 설명한 것입니다. ( ) 안에 알맞은 말을 써 봅시다.

> 바닷물은 육지의 물과 달리 ( )이/가 많이 녹아 있어 짠맛이 난다.

( )

11 육지의 물을 이용하는 경우를 골라 기호를 써 봅시다.

( )

12 바닷가에서 볼 수 <u>없는</u> 지형을 골라 기호를 써 봅시다.

( )

13 바닷가에서 볼 수 있는 지형에 대한 설명으로 옳은 것은 어느 것입니까? ( )

① 짧은 시간에 만들어진 것이다.
② 바닷가에는 한 가지 지형만 있다.
③ 구멍 뚫린 바위, 동굴 등을 볼 수 있다.
④ 바닷가에 있는 바위의 모양은 모두 비슷하다.
⑤ 주로 바다에 사는 생물에 의해 만들어진 것이다.

14 밀물일 때에 대한 설명으로 옳은 것을 두 가지 골라 써 봅시다. (,)

① 바닷물의 높이가 낮아진다.
② 바닷물의 높이가 높아진다.
③ 바닷물의 높이가 변하지 않는다.
④ 바닷물이 바다 쪽으로 빠져나간다.
⑤ 바닷물이 육지 쪽으로 밀려 들어온다.

15 다음은 같은 높이의 물을 넣은 두 수조를 물을 가득 채운 비닐관으로 연결한 뒤, 물만 있는 수조의 높이를 낮게 할 때에 대한 설명입니다. ( ) 안의 알맞은 말에 ○표 해 봅시다.

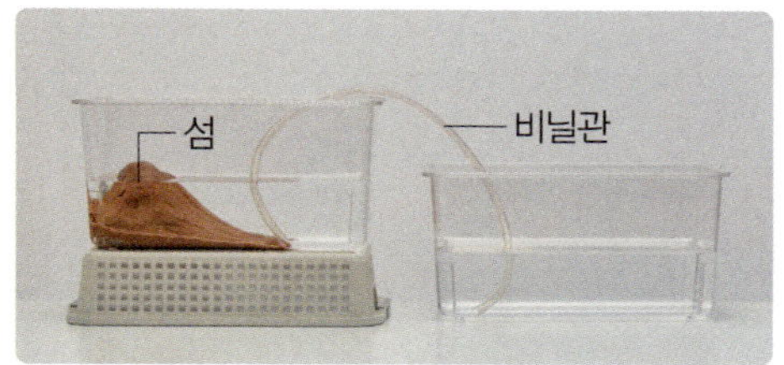

섬이 있는 수조의 물 높이가 ㉠ (높아지고, 낮아지고), 이것은 ㉡ (밀물, 썰물)일 때의 모습을 나타낸다.

16 다음에서 설명하는 지형의 이름을 써 봅시다.

밀물일 때는 물에 잠기고 썰물일 때는 물 밖으로 드러나는 편평한 땅이다.

( )

17 오른쪽은 갯벌에서 생태 체험을 하는 모습입니다. 밀물일 때와 썰물일 때 중 어느 때의 모습인지 쓰고, 그 까닭을 써 봅시다.

____

____

18 우리나라 갯벌에 대해 옳지 <u>않게</u> 말한 사람의 이름을 써 봅시다.

- 우진: 서해안과 남해안에 많이 있어.
- 가영: 서천 갯벌, 고창 갯벌, 신안 갯벌, 보성·순천 갯벌 등이 있어.
- 지훈: 밀물일 때와 썰물일 때 바닷물의 높이 차이가 작은 곳에 많이 있어.

( )

19 갯벌에 사는 동물은 어느 것입니까? ( )

① 개미　　② 고양이　　③ 나문재
④ 메뚜기　　⑤ 짱뚱어

20 갯벌을 보전해야 하는 까닭으로 옳지 <u>않은</u> 것은 어느 것입니까? ( )

① 갯벌은 먹을 것을 제공하기 때문이다.
② 갯벌은 오염 물질을 정화하기 때문이다.
③ 갯벌에 생물이 거의 살지 않기 때문이다.
④ 갯벌에서 철새들이 쉬었다 가기 때문이다.
⑤ 갯벌은 자연재해의 피해를 줄여 주기 때문이다.

서술형 평가 2. 지구와 바다

이름	맞은 개수

1 다음과 같은 현상이 나타나는 공통적인 원인을 우리 주변에 있는 것과 관련지어 써 봅시다.

▲ 깃발이 펄럭입니다.　　　▲ 비눗방울을 불 수 있습니다.

2 다음은 육지의 물과 바닷물의 모습입니다.

▲ 육지의 물　　　　▲ 바닷물

(1) 마시거나 몸을 씻는 데 이용할 수 <u>없는</u> 물을 써 봅시다.

(　　　　　　　　　)

(2) 위 (1)번과 같이 답한 까닭을 물에 녹아 있는 물질과 관련지어 써 봅시다.

3 다음은 같은 날, 같은 장소에서 촬영한 바닷가의 모습입니다.

㉠

㉡

(1) 밀물일 때의 모습을 골라 기호를 써 봅시다.

(　　　　　　　　　)

(2) 밀물일 때와 썰물일 때 바닷물의 높이 변화를 비교해 써 봅시다.

4 다음은 갯벌의 가치와 보전의 필요성을 알리는 홍보물을 만든 것입니다. 갯벌의 가치를 한 가지 더 써 봅시다.

3 높은 소리와 낮은 소리

① **소리의 높낮이**: 소리의 높고 낮은 정도
② **높은 소리와 낮은 소리 비교**: 소리가 나는 물체의 길이가 짧을수록 높은 소리가 나고, 길수록 낮은 소리가 납니다.

칼림바의 길이가 짧은 건반을 튕길 때	칼림바의 길이가 긴 건반을 튕길 때

❻ [ ] 소리가 납니다.	❼ [ ] 소리가 납니다.

③ **일상생활에서 높은 소리와 낮은 소리를 이용하는 예**

높은 소리 이용	구급차의 경보음
낮은 소리 이용	뱃고동 소리
높은 소리와 낮은 소리 이용	관현악단의 연주 소리

4 소리의 전달

소리는 기체, 액체, 고체를 통해 전달됩니다.

기체를 통한 소리의 전달	❽ [ ]를 통한 소리의 전달	고체를 통한 소리의 전달
장치에 공기를 채우면 공기를 뺐을 때보다 스피커 소리가 크게 들립니다.	물속에서 캐스터네츠를 부딪쳐서 낸 소리가 물 밖에서도 들립니다.	책상을 두드리는 소리가 귀를 댄 책상에서 들립니다.

5 소음을 줄이는 방법

① ❾ [   ] : 다른 사람을 불쾌하게 만들거나 다른 사람에게 해를 끼칠 수 있는 시끄러운 소리
② **소리의 성질을 이용하여 소음을 줄이는 방법**

소리의 ❿ [ ]를 줄이는 방법	• 과속 방지턱을 설치합니다. • 텔레비전이나 스피커 소리를 줄입니다.
소리가 잘 전달되지 않게 하는 방법	• 이중창을 설치합니다. • 방음벽을 설치합니다. • 바닥에 소음 방지 매트를 깝니다.

이름	맞은 개수

쪽지 시험   3. 소리의 성질

1 여러 가지 물체를 구기거나 문지르면 (일정한, 다양한) 소리를 낼 수 있습니다.

2 소리가 (나는, 나지 않는) 우쿨렐레의 줄은 떨립니다.

3 고무줄을 세게 튕기면 (큰, 작은) 소리가 납니다.

4 불이 나면 화재경보기에서 (큰, 작은) 소리가 납니다.

5 칼림바의 짧은 건반을 튕기면 (낮은, 높은) 소리가 납니다.

6 소리가 나는 물체의 길이가 (짧을수록, 길수록) 낮은 소리가 납니다.

7 일상생활에서 우리가 듣는 대부분의 소리는 (기체, 액체, 고체) 상태인 공기를 통해서 전달됩니다.

8 철봉에 귀를 대었을 때 철봉을 두드리는 소리가 들리는 것은 소리가 (기체, 액체, 고체)인 철을 통해 전달되기 때문입니다.

9 다른 사람에게 (도움을 줄 수 있는, 해를 끼칠 수 있는) 시끄러운 소리를 소음이라고 합니다.

10 이중창을 설치하면 소리가 잘 (전달되게, 전달되지 않게) 할 수 있습니다.

단원 평가   3. 소리의 성질

이름 | 맞은 개수

1 여러 가지 물체를 이용해 소리를 내는 방법을 옳게 설명한 사람의 이름을 써 봅시다.

> • 수아: 한 가지 물체로는 한 가지 소리만 낼 수 있어.
> • 지호: 페트병을 두드릴 때와 종이를 구길 때 같은 소리가 나.
> • 준서: 같은 물체를 이용해 여러 가지 방법으로 다양한 소리를 낼 수 있어.

(   )

서술형

2 다음 페트병을 이용해 소리를 내는 방법을 <u>두 가지</u> 써 봅시다.

____

____

✦중요✦

3 손을 댈 때 떨림이 느껴지는 물체를 <u>두 가지</u> 골라 써 봅시다.   (,   )

① 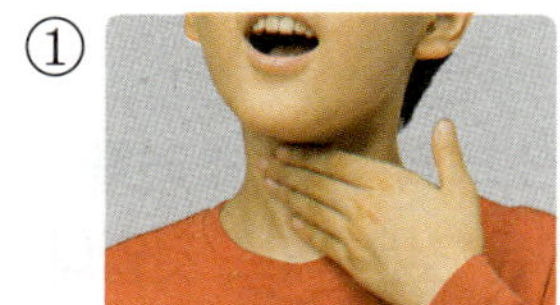
▲ 소리가 나는 목

② 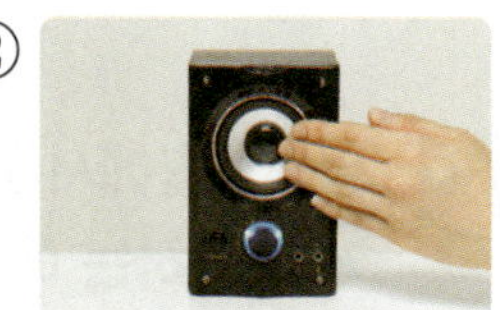
▲ 소리가 나는 스피커

③ 
▲ 소리가 나지 않는 소리굽쇠

④ 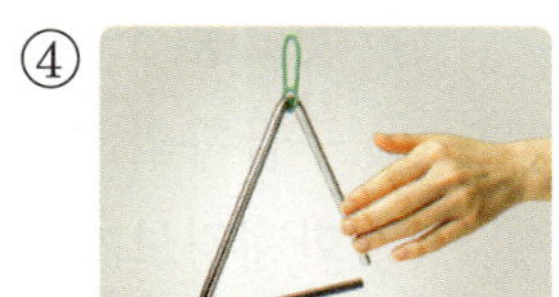
▲ 소리가 나지 않는 트라이앵글

4 소리가 나는 소리굽쇠를 물에 댄 결과를 골라 기호를 써 봅시다.

ㄱ 
▲ 물이 튀지 않습니다.

ㄴ 
▲ 물이 사방으로 튑니다.

(   )

5~6 다음은 작은북을 북채로 치는 모습입니다.

구분	(가)	(나)
소리	큰 소리가 난다.	작은 소리가 난다.
플라스틱 조각의 움직임	플라스틱 조각이 높게 튀어 오른다.	플라스틱 조각이 낮게 튀어 오른다.

5 위 (가)와 (나) 중 작은북을 세게 친 경우를 골라 기호를 써 봅시다.

(   )

✦중요✦

6 위 실험을 통해 알 수 있는 사실로 옳은 것을 보기 에서 골라 기호를 써 봅시다.

> **보기**
> ㉠ 물체가 작게 떨리면 큰 소리가 난다.
> ㉡ 물체가 크게 떨리면 작은 소리가 난다.
> ㉢ 물체가 떨리는 정도에 따라 소리의 세기가 달라진다.

(   )

7 소리의 세기에 대한 설명으로 옳은 것은 어느 것입니까? (   )

① 소리의 불쾌한 정도를 말한다.
② 소리의 높고 낮은 정도를 말한다.
③ 소리의 크고 작은 정도를 말한다.
④ 소리의 굵고 얇은 정도를 말한다.
⑤ 소리의 빠르고 느린 정도를 말한다.

8 글로켄슈필을 세게 칠 때와 약하게 칠 때 나는 소리의 세기를 비교하여 써 봅시다.

____

____

9 일상생활에서 큰 소리를 내는 경우는 언제입니까? (   )

① 
▲ 도서관에서 이야기할 때

② 
▲ 지하철에서 이야기할 때

③ 
▲ 자장가를 불러 줄 때

④ 
▲ 화재경보기가 울릴 때

10 다음 (   ) 안에 알맞은 말을 써 봅시다.

실로폰을 긴 음판에서 짧은 음판 순서대로 치면 점점 (   ) 소리가 난다.

(   )

11 금속 자에서 높은 소리가 나는 경우를 골라 기호를 써 봅시다.

㉠ 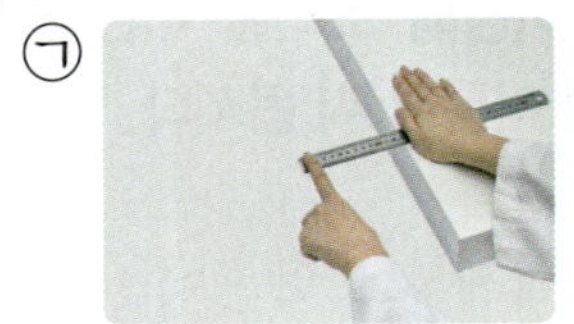
▲ 금속 자를 짧게 놓고 튕길 때

㉡ 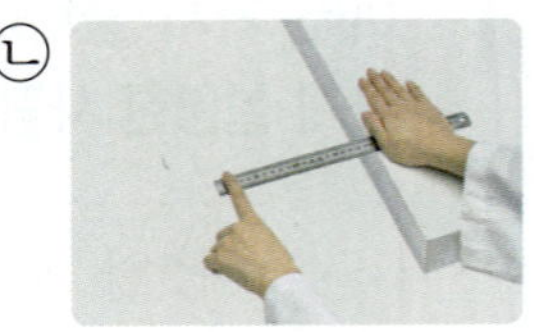
▲ 금속 자를 길게 놓고 튕길 때

(   )

12 칼림바 건반을 튕겨 가장 낮은 소리를 내는 방법으로 옳은 것은 어느 것입니까? (   )

① 건반을 세게 튕긴다.
② 건반을 약하게 튕긴다.
③ 가장 긴 건반을 튕긴다.
④ 가장 짧은 건반을 튕긴다.
⑤ 여러 건반을 동시에 튕긴다.

13 중요
높낮이가 다른 음을 내는 악기를 보기 에서 골라 기호를 써 봅시다.

보기
㉠ 작은북
㉡ 우쿨렐레
㉢ 트라이앵글

(   )

14 일상생활에서 높은 소리와 낮은 소리를 조화롭게 이용하는 예로 옳은 것은 어느 것입니까? (   )

① 뱃고동 소리
② 구급차의 경보음
③ 화재경보기 소리
④ 합창단의 노랫소리
⑤ 안전 요원의 호루라기 소리

15 다음은 공기를 뺄 수 있는 장치 안에 소리가 나는 스피커를 넣은 모습입니다. 스피커의 소리가 작아지게 하는 방법을 써 봅시다.

____

____

중요

16 액체를 통해 소리가 전달되는 경우는 어느 것입니까? ( )

① 운동장에서 학교 종소리를 들을 때
② 교실에서 선생님의 말소리를 들을 때
③ 실 전화기를 이용하여 친구의 목소리를 들을 때
④ 철봉에 귀를 대고 친구가 철봉을 두드리는 소리를 들을 때
⑤ 물속에 있는 잠수부가 먼 곳에서 다가오는 배의 소리를 들을 때

17 오른쪽은 귀마개로 귀를 막고 실로 연결된 숟가락을 귀에 건 다음 젓가락으로 숟가락을 두드리는 실험입니다. 이 실험에 대해 옳게 설명한 사람의 이름을 써 봅시다.

- 서은: 아무 소리도 들리지 않아.
- 준서: 실을 통해 숟가락이 울리는 소리가 전달돼.
- 하율: 소리가 액체를 통해 전달된다는 것을 확인할 수 있어.

( )

18 소음으로 보기 어려운 것은 어느 것입니까?

( )

① 시끄러운 음악 소리
② 문을 세게 닫는 소리
③ 밤에 들리는 악기 소리
④ 공연장에서 부르는 노랫소리
⑤ 도로에서 자동차가 빨리 달리는 소리

19 다음과 같이 공사장에서 나는 소음을 줄일 수 있는 방법으로 옳은 것을 보기 에서 골라 기호를 써 봅시다.

보기
ㄱ 방음벽을 설치한다.
ㄴ 기계를 더 자주 사용한다.
ㄷ 공사를 하는 시간이나 요일을 늘린다.

( )

중요

20 소리의 세기를 줄여 소음을 줄이는 방법을 골라 기호를 써 봅시다.

ㄱ

▲ 이중창 설치

ㄴ

▲ 과속 방지턱 설치

( )

이름	맞은 개수

서술형 평가 3. 소리의 성질

1 다음은 소리가 나는 트라이앵글에 손을 살짝 댄 모습입니다.

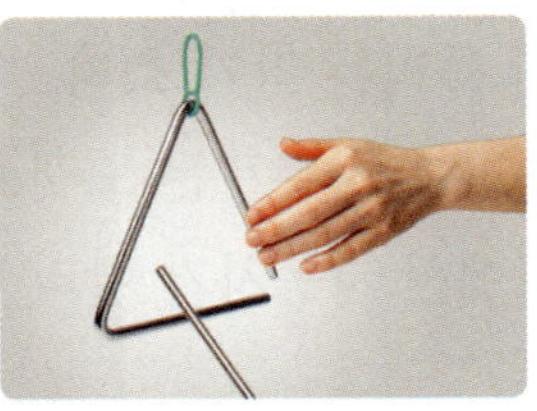

(1) 손에 드는 느낌을 써 봅시다.

____

____

(2) 소리가 나는 트라이앵글에서 소리가 나지 않게 하는 방법을 써 봅시다.

____

____

2 다음은 금속 자를 튕기는 모습입니다. 금속 자를 짧게 잡을수록 금속 자에서 나는 소리가 어떻게 달라지는지 써 봅시다.

____

____

3 다음과 같이 수중 발레 선수가 음악을 들을 수 있는 까닭을 써 봅시다.

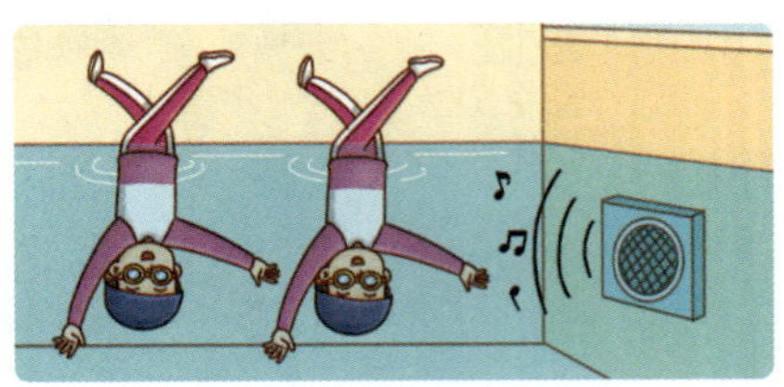

____

____

4 다음은 음악을 크게 틀어 놓아 소음이 발생한 모습입니다.

(1) 소음이란 무엇인지 써 봅시다.

____

____

(2) 위와 같은 상황에서 소음을 줄이는 방법을 소리의 성질과 관련지어 써 봅시다.

____

____

수행 평가 3. 소리의 성질

이름　　　맞은 개수

평가 요소 소리가 나는 소리굽쇠의 떨림 관찰하기

1 다음은 소리가 나는 소리굽쇠와 소리가 나지 않는 소리굽쇠를 물에 대어 보는 실험입니다.

㉠ 　　㉡ 

▲ 소리가 나는 소리굽쇠를 물　　▲ 소리가 나지 않는 소리굽쇠
에 댈 때　　　　　　　　　를 물에 댈 때

(1) 위 실험에서 소리굽쇠를 물에 대었을 때 물이 사방으로 튀는 경우를 골라 기호를 써 봅시다.

(　　　　　　　　)

(2) 위 실험으로 알 수 있는 소리가 나는 물체의 특징을 써 봅시다.

____

평가 요소 물체를 치는 세기에 따른 소리의 세기 비교하기

2 다음은 작은북 위에 플라스틱 조각을 올려놓고 북채로 세게 칠 때와 약하게 칠 때 플라스틱 조각의 움직임을 비교하는 실험입니다.

㉠ 　　㉡ 

(1) 위 실험에서 더 큰 소리가 나는 경우를 골라 기호를 써 봅시다.

(　　　　　　　　)

(2) 위 (1)번과 같이 생각한 까닭을 다음 낱말을 모두 사용하여 써 봅시다.

세게, 높게, 큰 소리, 플라스틱 조각

____

4. 감염병과 건강한 생활

1 생활 속 감염병

① ❶ [   ] : 병원체가 몸에 들어와 걸리는 질병
② 감염병은 사람이 많이 모이는 장소에서 유행하기 쉽고, 종류가 다양합니다.
③ **감염병의 예**: 독감, 수두, 유행성 각결막염, 식중독, 수족구병, 볼거리, 코로나19 등

독감	기침과 열이 많이 나고, 목이나 코가 아픕니다.
수두	피부에 붉은 물집이 생기고, 가렵습니다.
유행성 각결막염	눈이 빨개지고 가려우며, 눈곱이 낍니다.

2 감염병의 위험성

① **감염병이 유행하면 일어나는 일**: 일상생활이 불편해집니다.

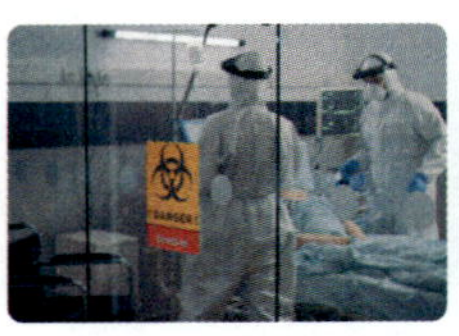  

▲ 다른 사람에게 감염병을 옮길 수 있어서 격리됩니다.　▲ 학교에 등교하지 못하고 원격으로 수업을 합니다.　▲ 도서관과 같은 공공시설이 문을 닫습니다.

② **감염병이 위험한 까닭**
- 다른 사람에게 감염병을 옮길 수 있기 때문입니다.
- 몸이 아플 뿐만 아니라 ❷ [   ]이 위험할 수 있기 때문입니다.

3 여러 가지 감염 과정과 생활 습관

① **여러 가지 감염 과정**: 병원체는 접촉, 비말, 공기, 물, 침 등을 통해 사람에게 옮겨 가 감염병을 일으킵니다.
② **감염 과정과 생활 습관**: 감염 과정은 ❸ [   ]과 관련이 있습니다.

❹ [ ]을 통한 감염	병원체가 묻어 있는 손으로 눈, 코, 입을 만지면 감염병에 걸릴 수 있습니다.
비말을 통한 감염	입을 가리지 않고 기침을 하면 비말이 튀어 감염병에 걸릴 수 있습니다.
공기를 통한 감염	공기 중에 떠다니는 병원체가 눈, 코, 입으로 들어오면 감염병에 걸릴 수 있습니다.
물을 통한 감염	병원체에 오염된 물이 몸속으로 들어오면 감염병에 걸릴 수 있습니다.
❺ [ ]을 통한 감염	침에 섞인 병원체가 몸속으로 들어오면 감염병에 걸릴 수 있습니다.

4 감염병으로부터 안전한 사회

① 감염병으로부터 안전한 사회의 모습

▲ 아픈 사람들이 병원을 이용하기 쉬워집니다.

▲ 도서관과 같은 공공 시설을 자유롭게 이용할 수 있습니다.

▲ 친구들과 함께 모여서 놀 수 있습니다.

② 감염병으로부터 안전한 사회를 만들기 위한 노력

개인	• 자신의 ❻ [ ]을 자주 확인합니다. • 손을 자주 씻고, 거리두기와 마스크 쓰기를 실천합니다. • 감염병으로부터 안전한 사회에 관심을 가집니다.
학교	• 감염병에 대한 예방 교육뿐만 아니라 올바른 인식과 실천 방법을 안내합니다. • 학교 안에서 일어나는 감염병을 빠르게 발견하고 신속하게 대처하여 감염병 유행을 막습니다.
보건소나 ❼ [ ]	• 감염병에 신속하게 대응할 수 있는 의료 시설을 갖춥니다. • 해마다 유행하는 감염병에 대해 안내하고, 예방접종을 실시합니다.
국가	• 감염병 백신이나 치료제를 개발합니다. • ❽ [ ] 정책을 실시하여 감염병이 퍼지는 것을 막습니다.

5 감염병 예방 수칙

① 감염병 예방 수칙

❾ [ ]를 막거나 없애 감염병을 예방하는 방법	건강 관리를 통해 감염병을 예방하는 방법
• 흐르는 물에 비누로 30초 이상 손 씻기 • 감염병이 유행할 때에는 마스크 쓰기 • 깨끗한 물 마시기 • 문과 창문을 열어 자주 환기하기	• 충분히 ❿ [ ] 취하기 • 규칙적으로 운동하기 • 음식 골고루 먹기 • 예방접종 하기

② 감염병 예방 수칙 실천이 중요한 까닭

• 감염병에 걸리지 않을 수 있기 때문입니다.
• 안전하고 건강한 생활을 할 수 있기 때문입니다.

개념 ❹ 감염병으로부터 안전한 사회를 만들기 위한 노력

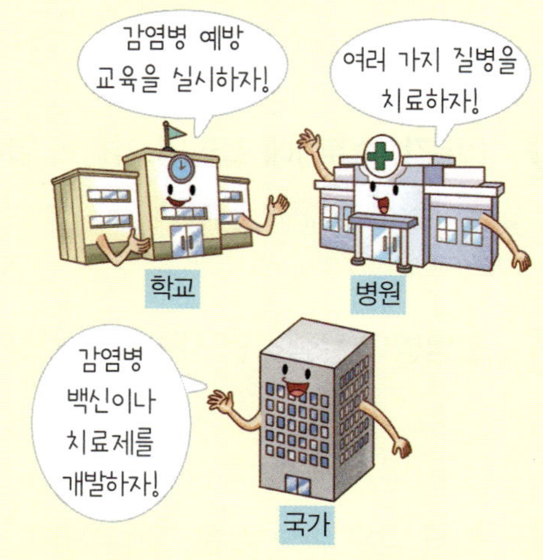

개념 ❺ 감염병 예방 수칙

이름	맞은 개수

쪽지 시험   4. 감염병과 건강한 생활

1 감염병은 (   )이/가 몸에 들어와 걸리는 질병입니다.

2 (독감, 수두)에 걸리면 기침과 열이 많이 나고, 목이나 코가 아픕니다.

3 감염병이 유행하면 사람들의 일상생활이 (불편해, 편리해)집니다.

4 씻지 않은 손으로 눈, 코, 입을 만지는 습관은 (접촉, 침)을 통한 감염
과 관련 있습니다.

5 입을 가리지 않고 기침을 하면 (   )이/가 튀어 감염병에 걸릴
수 있습니다.

6 공기 중에 떠다니는 (   )이/가 눈, 코, 입으로 들어오면 감염
병에 걸릴 수 있습니다.

7 감염병으로부터 안전한 사회를 만들기 위해 (개인, 학교)은/는 감염병
에 대한 예방 교육뿐만 아니라 올바른 인식과 실천 방법을 안내합니다.

8 감염병으로부터 안전한 사회를 만들기 위해 보건소나 병원은 감염병에
신속하게 대응할 수 있는 (   )을/를 갖춥니다.

9 감염병을 예방하기 위해서는 음식을 충분히 익혀 먹고, 상하기 쉬운 음
식은 (냉장고, 식탁 위)에 보관합니다.

10 감염병을 예방하기 위해서는 문과 창문을 열어 자주 (   )합니다.

단원 평가 — 4. 감염병과 건강한 생활

이름 | 맞은 개수

◇중요◇
1 다음 ( ) 안에 공통으로 들어갈 알맞은 말을 써 봅시다.

> • 독감, 수두와 같은 ( )은/는 병원체가 몸에 들어와 걸리는 질병이다.
> • ( )은/는 사람이 많이 모이는 장소에서 유행하기 쉽고, 종류가 다양하다.

( )

2 다음과 같은 증상이 나타나는 감염병은 어느 것입니까? ( )

> 발의 피부가 허옇게 되거나 갈라지며 간지럽다.

①  ▲ 결핵
② 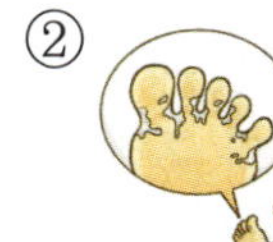 ▲ 무좀
③  ▲ 파상풍
④  ▲ 수족구병

3 감염병이 유행할 때 일어나는 일이 아닌 것을 보기 에서 골라 기호를 써 봅시다.

> **보기**
> ㉠ 학교에 등교하지 못하고 원격으로 수업을 한다.
> ㉡ 다른 사람에게 감염병을 옮길 수 있어 격리된다.
> ㉢ 가게가 문을 열고 손님들이 자유롭게 가게를 이용할 수 있다.

( )

4 감염병의 위험성에 대한 설명으로 옳지 <u>않은</u> 것은 어느 것입니까? ( )

① 감염병에 걸리면 몸이 아프다.
② 감염병은 다른 사람에게 옮길 수 있다.
③ 감염병에 걸리면 생명이 위험할 수 있다.
④ 감염병이 유행하면 일상생활이 불편해진다.
⑤ 감염병은 유행하는 데 시간이 오래 걸려서 위험하지 않다.

서술형
5 다음은 접촉을 통한 감염 과정을 알아보기 위한 형광 로션 실험에 대한 설명입니다. 밑줄 친 부분에 들어갈 말을 써 봅시다.

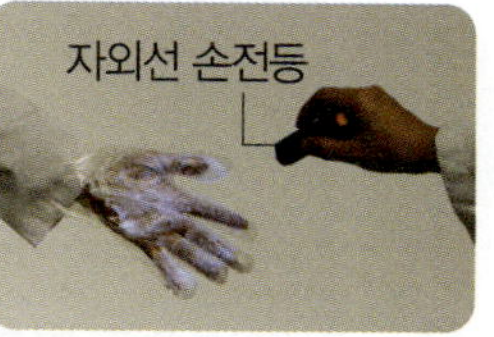

> 형광 로션을 병원체라고 할 때, 형광 로션이 다른 사람의 손에 닿는 것은 __________ __________을/를 의미한다.

◇중요◇
6 다음 ( ) 안에 공통으로 들어갈 알맞은 말을 써 봅시다.

> • 병원체는 접촉, 비말, ( ), 물, 침 등을 통해 사람에게 옮겨 가 감염병을 일으킨다.
> • ( ) 중에 떠다니는 병원체가 눈, 코, 입으로 들어오면 감염병에 걸릴 수 있다.

( )

7 감염 과정과 관련된 생활 습관에 대한 설명으로 옳지 <u>않은</u> 것은 어느 것입니까? (   )

① 씻지 않은 손으로 눈, 코, 입을 만지면 감염병에 걸릴 수 있다.

② 기침 예절을 지키지 않으면 비말이 튀어 감염병에 걸릴 수 있다.

③ 한 접시에 있는 음식을 같이 먹으면 침을 통해 감염병에 걸릴 수 있다.

④ 병원체는 물에 있을 수 없어서 물을 끓이지 않고 마셔도 감염병에 걸리지 않는다.

⑤ 감염병에 걸릴 수 있는 잘못된 생활 습관을 고치지 않으면 감염병이 더 크게 유행할 수 있다.

8 감염병으로부터 안전한 사회의 모습으로 옳은 것의 기호를 써 봅시다.

㉠ 

▲ 도서관과 같은 공공시설이 문을 닫습니다.

㉡ 
▲ 친구들과 함께 모여 놀 수 있습니다.

(   )

9 감염병으로부터 안전한 사회를 만들기 위한 개인과 국가의 노력을 선으로 연결해 봅시다.

(1) 개인 •

(2) 국가 •

• ㉠ 손을 자주 씻는다.

• ㉡ 감염병 백신이나 치료제를 개발한다.

10~11 오른쪽은 감염병 예방 방법을 알아보기 위해 감염 과정 모형실험을 하는 모습입니다.

10 다음은 위 실험에 대한 설명입니다. (   ) 안의 알맞은 말에 ○표 해 봅시다.

> 실험에서 선풍기로 바람을 불어 넣는 것은 (기침이나 재채기를 하는 것, 오염된 물을 마시는 것)을 의미한다.

11 위 실험 결과를 통해 알 수 있는 사실로 옳은 것을 보기 에서 골라 기호를 써 봅시다.

> 보기
>
> ㉠ 마스크를 쓰는 것은 감염병 예방에 도움이 되지 않는다.
> ㉡ 문과 창문을 열어 자주 환기하는 것이 감염병 예방에 도움이 된다.
> ㉢ 마스크를 쓰면 병원체가 공기나 비말에 섞여서 들어오는 것을 막아 준다.

(   )

12 감염병 예방 수칙에 대해 <u>잘못</u> 설명한 사람의 이름을 쓰고, 옳게 고쳐 써 봅시다.

> • 수빈: 흐르는 물에 비누로 30초 이상 손을 깨끗하게 씻어야 해.
> • 한결: 감염병에 걸린 사람이 사용한 물건을 함께 사용해도 괜찮아.
> • 지원: 충분히 휴식을 취하고 규칙적으로 운동하면서 건강 관리를 해야 돼.

____

____

서술형 평가

4. 감염병과 건강한 생활

이름	맞은 개수

1 다음은 여러 가지 감염병입니다.

▲ 볼거리

▲ 유행성 각결막염

(1) 위 감염병 중 볼이 붓고 볼에 통증이 나타 나는 증상이 있는 감염병을 골라 기호를 써 봅시다.

( )

(2) 위와 같은 감염병의 뜻을 써 봅시다.

____

____

2 다음은 재은이의 일기입니다. 재은이가 감염병에 걸린 것과 관련된 생활 습관의 기호와 감염 과정을 예상하여 써 봅시다.

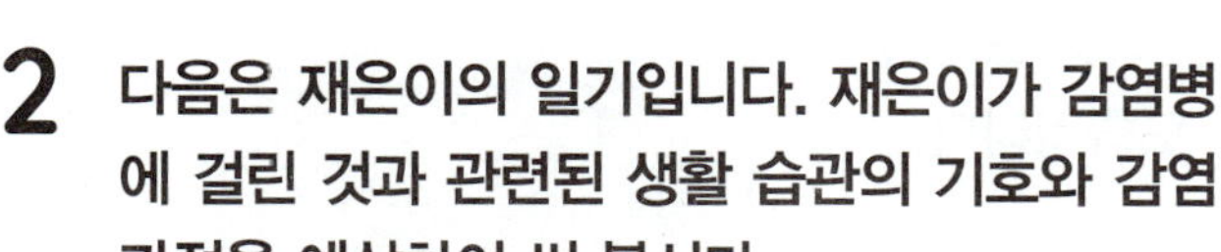

외출하고 집에 돌아와 ㉠ 비누로 손을 깨 끗이 씻었다. 목이 말라 ㉡ 며칠 전부터 식 탁에 있던 물을 마셨다. 또 집이 더워서 ㉢ 창문을 열어 환기를 하였다. 그런데 식 중독에 걸렸는지 계속 배가 아프고 설사를 했다.

____

____

3 다음은 감염병으로부터 안전한 사회의 모습입 니다. 감염병으로부터 안전한 사회를 만들기 위해 학교에서 할 수 있는 노력을 두 가지 써 봅시다.

▲ 아픈 사람들이 병원을 이 용하기 쉬워집니다.

▲ 도서관과 같은 공공시설 을 자유롭게 이용할 수 있습니다.

____

____

4 다음과 같은 생활 습관을 가진 친구에게 알려 주어야 하는 감염병 예방 수칙을 써 봅시다.

주변에 사람이 있어 도 입과 코를 가리지 않고 기침을 한다.

____

____

수행 평가 4. 감염병과 건강한 생활

이름 | 맞은 개수

 여러 가지 감염 과정 설명하기

1 오른쪽은 감염 과정을 알아보기 위해 색 도화지에 분무기로 물을 뿌리는 모습입니다.

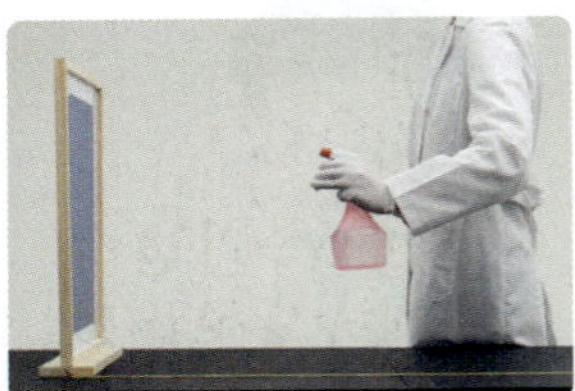

(1) 위 실험의 각 부분은 실제로 무엇을 나타내는지 써 봅시다.

• ㉠ 분무기에서 나오는 물방울: ________________________

• ㉡ 색 도화지에 물방울이 닿는 것: ________________________

(2) 위 실험으로 알 수 있는 감염 과정과 관련된 생활 습관을 써 봅시다.

____

 감염병 예방 수칙의 중요성 설명하기

2 오른쪽은 비누로 손을 씻기 전과 손을 씻은 후 손을 각각 면봉으로 문지르고, 면봉을 표면 검사 키트에 넣은 다음 표면 검사 키트의 액체를 건조 필름 배지에 떨어뜨리는 모습입니다.

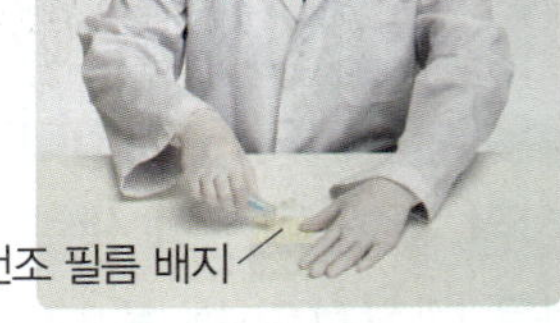

(1) 다음은 위 실험 결과에 대한 설명입니다. (   ) 안의 알맞은 말에 ○표 해 봅시다.

• 손을 씻기 전의 배지에는 빨간 점이 ㉠ (많이 생겼다, 거의 보이지 않는다).
• 손을 씻은 후의 배지에는 빨간 점이 ㉡ (많이 생겼다, 거의 보이지 않는다).

(2) 위 실험 결과 손 씻기는 감염병 예방에 어떤 도움이 되는지 써 봅시다.

____

오·투·시·리·즈   생생한 시각자료와 탁월한 콘텐츠로 과학 공부의 즐거움을 선물합니다.

대표전화 1544-0554
주소 경기도 과천시 과천대로2길 54(갈현동, 그라운드브이)
협의 없는 무단 복제는 법으로 금지되어 있습니다.